室内设计艺术价值研究

王小娜　徐欣 ◎ 著

延邊大學出版社

图书在版编目（CIP）数据

室内设计艺术价值研究 / 王小娜 , 徐欣著 . –– 延吉：
延边大学出版社 , 2022.9

ISBN 978–7–230–03879–9

Ⅰ.①室… Ⅱ.①王… ②徐… Ⅲ.①室内装饰设计
—研究 Ⅳ.① TU238.2

中国版本图书馆 CIP 数据核字（2022）第 172844 号

室内设计艺术价值研究

著　　者：王小娜　徐　欣		
责任编辑：翟秀薇		
封面设计：星辰创意		
出版发行：延边大学出版社		
社　　址：吉林省延吉市公园路 977 号	邮　编：133002	
网　　址：http://www.ydcbs.com	E-mail：ydcbs@ydcbs.com	
电　　话：0433-2732435	传　真：0433-2732434	
印　　刷：英格拉姆印刷(固安)有限公司		
开　　本：787 毫米 ×1092 毫米　　1/16		
印　　张：11.75		
字　　数：200 千字		
版　　次：2022 年 9 月第 1 版		
印　　次：2023 年 1 月第 1 次印刷		
书　　号：ISBN 978-7-230-03879-9		

定　　价：62.00 元

前　言

　　建筑的室内空间是人绝大多数行为活动，如学习、工作、休息、娱乐、生活等发生的场所。人们对于室内环境有使用、冷暖、光照等物质功能方面的要求，还有与建筑物的类型、风格相适应的室内环境氛围、风格等精神功能方面的要求。而室内设计就是创造一种环境，使建筑的室内空间既具有使用价值，能满足人们相应的功能要求，又能反映历史文化、建筑风格、环境气氛等精神因素，使人获得精神上的满足。

　　室内空间是建筑中与人的关系最直接的部分，因此，现代室内设计是环境设计中最为重要的环节。室内设计是在满足人们的物质生活需要的基础上，运用物质技术手段和建筑美学原理，依据人们对建筑物的使用要求和建筑物所处的环境，对建筑物内部空间进行更深层次的二次创造。作为建筑设计的延伸，它反映了社会分工、设计阶段的分化，也是社会生活精细化的结果，是技术与艺术的完美结合。作为工业设计和陈设、装饰设计的先导行为，室内设计就是室内空间的艺术表达，它本身包含着十分复杂而具体的内容，是一项综合的系统工程。

　　在进行室内设计的过程中，我们不仅需要遵循建筑美学原理，还要合理运用物质技术手段，如各类装饰材料和设施设备。这是因为，室内设计的艺术价值往往通过空间设计、照明设计、陈设设计、装饰设计，以及色彩设计等内容体现。

　　本书以室内设计艺术为主线，一方面，对室内设计的基础知识进行了论述；另一方面，对室内设计艺术的不同层面进行了全面、系统的研究。本书主要围绕室内设计进行理性的思考与总结，对室内设计的各个方面进行了有益的探索，实现了设计方法与艺术价值的辩证统一和有机结合，以期提升设计师的创造力和艺术鉴赏力，促进更多设计方法的形成与成熟。

CONTENTS 目 录

第一章 室内设计概论

第一节 室内设计的概念与特点

一、室内设计的概念

室内是指建筑物的内部，或是建筑物的内部空间，而"室内设计"，即对建筑物内部空间的设计。室内设计作为一门综合性很强的学科，其概念和定义从 20 世纪 60 年代初开始在世界范围内逐步形成。对"室内设计"含义的理解以及它与建筑设计的关系，许多学者都有不同的见解。

室内设计是一门综合艺术，要做好室内设计，需要综合把握各种要素，从整体需要出发，处理空间、色彩、材料及内部陈设的关系。室内设计涉及建筑学、材料学、工艺学、美学、心理学、行为学、人体工程学等多个领域。因此，室内设计的完整、准确的概念应该是：室内设计是以建筑物为基础，在一定的空间范围内，运用物质手段、技术手段和艺术手段，创造能够满足使用者的物质与精神、心理和生理需求的安全、舒适、合理、美观的室内空间环境设计。这一空间环境既具有使用价值，能够满足人们相应的功能要求，又反映了历史文脉、建筑风格、环境气氛等精神因素，其特征主要体现在从艺术的角度为室内设计的实体、虚体、技术、经济等方面提供解决美学问题的方案。室内设计也是环境艺术设计的一个重要组成部分。

室内设计必须同时满足使用者在使用功能和精神享受两方面的需求。室内设计的首要任务是满足使用者在使用功能方面的需求，使用功能（或称物质）方面的需求是第一需求，人只有在物质方面的需求得到了满足，才有可能去谈精神方面的需求。了解空间的使用功能，为使用者设计出一个具有良好使用功能的空间，这应当是室内设计的第一原则。

当然，室内设计仅仅具备使用功能是不够的，它还需要通过一定的表现形式来满足使用者的审美需求，即体现出室内设计的心理功能。这种审美需求往往包括两个方面：一方面，按照美学规律创造一种与空间的使用功能相适应的心理气氛，以满足或提高使用者的审美情趣；另一方面，根据使用者的文化背景特征和地域特征等因素，创造一种能够体现使用者地位和文化素养的室内环境。

二、室内设计的特点

现代室内设计已经从环境设计学科中独立出来，成为一门新兴学科，但是从某种含义上来理解，它仍然无法摆脱建筑设计的制约和影响。两者的关系表现为：建筑设计是室内设计的基础，室内设计是建筑设计的继续、深化和发展，它们互为表里、互为依托；但室内设计在研究人们的行为模式、心理因素等方面更为细致和深入；建筑设计则注重和周围环境的协调相处，根据功能和结构的要求来塑造建筑空间，并以空间形态的构建作为设计的最终目标。

很多人把"室内设计"的含义理解成"室内装饰""室内装潢"或"室内装修"，这是不准确的。室内设计所包含的内容要比室内装饰、室内装潢和室内装修更深、更广。装饰和装潢的原意是指对"器物或商品外表"的"修饰"，是着重从外在的、视觉艺术的角度来探讨和研究问题，如对室内地面、墙面、顶棚等各界面的处理或装饰材料的选用，也可能包括对家具、灯具、陈设和小饰品的选用、配置和设计。装修是指对室内环境中的主要界面（地板、墙面、顶棚等）进行的修整，如喷涂、贴、包、裱糊等，使之更加完美。装修的目的是保护界面，使界面具有耐水、耐火、防腐、防潮、干净卫生等品质。室内装修着重工程技术、施工工艺和构造做法等方面。顾名思义，室内装修是指土建工程施工完成之后，对室内各个界面、门窗、隔断等进行的最终的装修工程。由此可见，现代室内设计的内涵比室内装饰、室内装潢、室内装修等要广泛得多。它不仅包括室内装修的工程技术、施工工艺和声、光、热等物理环境的设计内容，还包括室内装饰、室内装潢的视觉艺术方面的内容，同时还包括对建筑的空间、社会、经济、文化内涵、氛围、意境等社会和心理环境因素的综合考虑。室内设计涉及的范围已扩展到生活的每个方面，是对室内装饰、室内装潢、室内装修概念的继承与发展。

第二节　室内设计的发展历程

一、国外室内设计的发展过程

在古埃及贵族宅邸的遗址中，学者发现抹灰墙上绘有彩色的竖直条纹，地上铺有草编织物，室内配有各类家具和生活用品。古埃及卡纳克的阿蒙神庙前的雕塑及庙内石柱上的装饰纹样都极为精美，神庙大柱厅内硕大的石柱群和极为压抑的厅内空间，都符合古埃及神庙所需的庄严、神秘的室内氛围，是神庙的精神功能所需要的。

在建筑艺术和室内装饰方面，古希腊和古罗马已发展到很高的水平。例如，古希腊雅典卫城帕特农神庙的柱廊就起到了室内外空间过渡的作用，经过精心推敲的尺度、比例和石材性能的合理运用，形成了梁、柱、枋的构成体系和具有个性的各类柱式。在古罗马庞贝城的遗址中，从贵族宅邸室内墙面的壁饰、铺地的大理石地面，以及家具、灯饰等加工制作的精细程度来看，当时的室内装饰水平已相当成熟。古罗马万神庙室内高旷的、具有公众聚会特征的拱形空间，是当今公共建筑内中庭设置最早的原型。

欧洲中世纪和文艺复兴以来，哥特式、古典式、巴洛克和洛可可等各类风格的建筑及其室内艺术设计均日臻完善，艺术风格更趋成熟，历代优美的装饰风格和手法，至今仍可供我们创作时借鉴。

随着社会的发展，现代主义室内设计所表现出的理性简洁的风格已经不能满足时代的要求，为了突破现代主义，后现代主义应运而生且受到欢迎。后现代主义的各种设计思潮又对室内设计提出了一系列新的设计理念，如强调建筑的复杂性和矛盾性，反对简单化、模式化，讲求文脉，追求人情味和环境意识的觉醒，崇尚隐喻与象征的手法，大胆地运用装饰和色彩，提倡多样化和多元化，等等。后现代主义的这些新的设计理念是现代主义的革新和发展，其中较有影响力的是超现实派、解构主义派和装饰艺术派等，它们为室内设计的发展开辟了一条新的道路。

二、国内室内设计的发展过程

在我国陕西西安的半坡遗址中发现的方形、圆形的居住空间，说明古代先民已考虑按使用需要将室内空间做出分隔，使入口和火炕的位置合理。方形居住空间近门的火炕安排了进风的浅槽，圆形居住空间入口处的两侧也设置了起引导气流作用的矮墙。

在新石器时代的居室遗址里，学者发现了修饰精细、坚硬美观的红色烧土地面，而且，即使是原始人穴居的洞窟里，壁面上也已绘有兽形和围猎的图形。也就是说，在人类建筑活动的初始阶段，人们就已经开始对"使用和氛围""物质和精神"两方面的功能同时给予关注了。

从出土的遗址可以看出，商朝宫室的建筑空间秩序井然、严谨规正，宫室里装饰着朱彩木料，雕饰臼石，柱下置有云雷纹的铜盘。及至秦朝的阿房宫和西汉的未央宫，虽然宫室建筑已荡然无存，但从文献的记载、出土的瓦当、器皿等实物，以及墓室石刻中精美的窗棂、栏杆的装饰纹样来看，当时的室内装饰已经相当精细和华丽。

自改革开放以来，我国室内设计也逐步得到重视，走过了一条从借鉴临摹到吸收创新的道路。如今，我国很多室内设计作品的科技含量比较高，使用新材料,采用新工艺,创造了室内新的界面造型和空间形态,达到较佳的声、光、色、质的匹配和较佳的线、面空间组合及空间形态,给人耳目一新的感觉,具有鲜明的时代感。但是总的来说,目前,我国的室内设计水平仍有一定的进步空间。这就需要未来的室内设计师在发扬我国传统文化的基础上,大力创新,提高我国室内设计的水平。

三、室内设计未来的发展方向

随着社会的发展和时代的进步,现代室内设计具有以下发展趋势:

从总体上看,室内环境设计学科的相对独立性日益增强;同时,与多学科、边缘学科的联系和结合的趋势也日益明显。现代室内设计除了仍以建筑设计为学科发展的基础外,工艺美术和工业设计的一些观念、想法及工作方法也日益在室内设计中发挥作用。

由于使用对象的不同、建筑功能和投资标准的差异,室内设计明显地呈现出多元化的发展趋势。但需要着重指出的是,不同层次、不同风格的现代室内设计都将更加重视环境的文化内涵和人们在室内空间中的精神需要。

在专业设计进一步深化和规范化的同时,使用者的参与势头也将有所加强。这是因为室内空间环境的创造总是离不开生活和生产,离不开进行生活和生产活动的使用者。室内设计只有满足使用者的切身需求,才能使设计贴近生活,才能使使用功能更具实效,更为完善。

从可持续发展的宏观要求出发,未来的室内设计将更为重视防止环境污染的"绿色装饰材料"的运用,考虑节能与节省室内空间,创造出有利于身心健康的室内环境。

第三节　室内设计的内容与原理

一、室内设计的内容

室内设计主要包括空间设计、界面装修设计、陈设设计、物理环境设计等内容。室内设计的内容涉及面大，相关因素多。作为设计人员，不但要考虑室内设计的视觉效果，还要考虑采光、隔声、保温、隔热、造价、材料、施工、防火等因素对室内设计的影响。随着科技的发展与人们生活水平的提高，还会有许多新因素不断丰富室内设计的内容。

（一）室内空间设计

室内空间设计是根据现有建筑物的使用性质和其所处的环境，运用物质技术手段和艺术处理手法，从内部把握空间，设计其形状和大小。室内空间设计主要依据现代社会的物质条件、人的精神需求和施工技术的合理性等要求进行设计。室内空间设计就是要对建筑物的总体布局、建筑物的使用功能、建筑物内部的人流动向，以及建筑物的自身结构体系等有深入的了解，对室内空间和平面布局予以完善、调整或再创造，也就是对室内空间进行细化。室内空间设计是室内设计的一个重要方面，优秀的室内空间设计不但能营造出良好的生活环境，而且能给人以愉悦的心理感受。

（二）室内界面装修设计

室内界面装修主要是指土建施工完成之后，对室内界面、门窗、隔断等进行的最终的装修处理，也就是对通常所说的天花板、墙面、地面的处理，以及对分割空间的实体、半实体等内部界面的处理，在条件允许的情况下，也可以对建筑界面本身进行处理。在整个界面装修设计的过程中，要注重设计的功能性、审美性、工艺性、统一性、整体性，这也是装修设计的基本原则。在很多情况下，室内装修设计要延伸到室外，有时要把室内的装修风格和室外的装修风格结合起来进行设计。

（三）室内陈设设计

室内陈设设计包括家具设计、室内织物设计、室内装饰品设计等。家具通过与人相适应的尺寸和优美的造型样式，成为室内空间与人之间的一种媒介性过渡要素。家具的设计和摆放是室内陈设设计最主要的内容。室内织物设计是指室内纺织品的选择和使用。室内织物包括地毯、沙发套、椅垫、壁毯、贴布、窗帘、床上用品等。室内装饰品也叫摆设品，其范围极为广泛，主要有艺术品、工艺品、观赏植物、书籍、音乐器材、运动器材等。室内装饰艺术品的主要作用是打破室内单调呆板的气氛，给室内增添动感和节奏感，加强室内空间的视觉效果。

室内绿化也是室内陈设设计的一个方面。室内空间中若有绿色植物的点缀，则能营造室内的舒适气氛，使人们在室内也能感受到绿色植物带来的愉悦气息。

（四）物理环境设计

物理环境设计主要是对室内光线、采暖、通风、温度等方面的设计处理，是现代设计中极为重要的方面，也是体现设计的"以人为本"和"绿色设计"思想的组成部分。随着时代的发展，室内环境人性化的设计和营造成了衡量室内环境质量的重要标准之一，这就要求设计人员要研究设计室内的安全性、保健性、便利性、经济性。室内物理环境的内容涉及光、声、隔热、保暖，以及通风设计等诸多领域，对其进行设计、改造，有利于创造审美价值高、生活质量好的室内环境，光线在室内还可起到烘托气氛的艺术效果。

二、室内设计的原理

室内设计的本质是功能与审美的结合。功能如何同审美结合起来，什么是形式美法则，如何把形式美法则应用到设计中，这些都是设计师在进行室内设计时需要考虑的问题。一个技能全面发展的设计师，应该如何掌握室内设计的原理，并在设计中将其体现出来，将是本节要解决的主要问题。

（一）功能和形式

室内设计是为了满足人们对使用空间环境的要求而进行的设计。室内环境的功能发挥得如何，是对室内设计水平进行评价的基本准则。在现代设计发展的历程中，功能始终作为一条主线索贯穿其中，设计终将不能舍弃"满足人们功能需求"这个"第一准则"。芝加哥学派建筑大师路易斯·沙利文明确提出了"形式追随功能"的观点。功能主义认为建筑风格和形式的形成直接依赖于设计及人们生活方式的变化等人为事物，其形式必然来自功能的结构，而不是功能来自形式。我国古代哲人早就给出了较为合理的重视功能的设计标准，即"象以载器，器以象制"。虽然功能主义有其局限性，后现代主义也对其进行了新的审视和反思，但从本质上说，功能主义设计的内核是不可能被完全抛弃的。

建筑最早的、最基本的功能就是居住。居住功能只满足了人们生存的需要，而人的需求是多方面的。对美的追求一直是人类永恒的话题，在建筑满足了居住功能的前提下，对室内的美化就成了室内设计的重要内容。能够满足人情感需要的事物可以引起人们积极的态度，使人产生肯定的情感，如愉快、满意、喜欢等；反之就会引起相反的态度。建筑也需要用优美的形式来满足人的情感需要。一个优秀的室内设计作品只有创造出具有个性特色的优美的室内环境，才能满足使用者的审美需求。

室内设计在考虑使用功能要求的同时，还必须考虑形式美的要求。使用功能与形式美是室内设计中相辅相成的两个部分，缺一不可。只有协调好功能与形式的关系，才有可能创造舒适美观的室内环境。在现代社会中，人们的工作和生活节奏越来越快，优美的室内环境对人们的精神需求而言尤为重要。充足的光线、清新的空气、安静的生活氛围、和谐的室内色彩都会给人们带来愉悦的精神享受。不仅如此，室内设计的形式因素有时还会直接影响人们的意志和行为。在一些公共建筑（如政府机构、纪念馆等）中，庄严、气派的室内设计对增强人们的民族自信心、自豪感起到了不可忽视的促进作用；富丽堂皇的装饰，雄伟、博大的室内氛围也可以直接调动人们的积极情感。

（二）形式美法则

美的形式是指美的内容表现为具体形象的内部结构与外部形态，也就是美的内容的存在方式，是造型对象按一定的法则进行组合而体现出来的审美特征。自古以来，美的形式就一直为艺术家和设计家所探讨。人类在进行探索的过程中发现，在自然界和艺术中存在着一些相对规律性的原理，这些原理成了人们共同的形式法则，这就是形式美法则。形式美法则是人们在审美活动中对现实中许多美的形式的概括反映。这些形式美法则可以被归纳为以下五个方面：

1. 变化与统一

变化与统一也称多样与统一，是形式美的总法则，也是形式美法则的高级形式。多样统一是指形式组合的各部分之间要有一个共同的结构形式与节奏韵律。意大利著名美学家费希诺曾指出，一个对象要给人以快感，就必须具有统一的多样性。对立统一是对自然美和艺术美的不同形态加以概括和提炼的产物，是客观规律性的反映和人类主观目的的要求。

建筑内部空间本身就具有多样化的布局。设计师的重要职责之一是把那些不可避免的多元化空间的形状与样式组成协调、统一的整体。

2. 对称与均衡

对称是人类最早掌握的形式美法则。动态均衡是指不等量形态的非对称形式，是不以中轴来配置的另一种形式格局，均衡又可被称为平衡。均衡有两种基本形式：一种是静态的均衡，另一种是动态的均衡。静态的均衡，即我们常说的对称，它体现了一种严格的对应制约关系，能给人以秩序井然、安静、稳定、庄重等心理感受。

室内视觉造型有许多对称形式，也常常运用动态的非对称形式法则来增强效果。一个轴线两侧的形状以等量、等形、等距、反向、相互对应的方式存在，这是最直观、最单纯、最典型的对称。

在室内设计的各要素中，各种物体的布置关系上的平衡问题，主要是指人们在视觉中所获得的平衡感。因为在视觉形式上，不同的造型、色彩和材质等要素，会引起不同的重量感觉。如果这些重量感觉能够保持一种不偏不倚的状态，就会产生平衡的效果。在室内设计中，静态的均衡方式，就是指画面中心点两边或四周的形态及位置完全相同，如在客厅中间放一张沙发，沙发两边相对位置上摆放两个相同大小的花瓶；在空间的界面上均匀地绘制一组图案也是一种对称平衡的处理方式。以对称平衡出现的室内环境，会给人稳重和安定的感觉，但这种方式往往又会使人觉得不活泼。

较对称在心理上的严谨与理性而言，动态的均衡在心理上偏重灵活与感性，具有动感。动态的均衡是指两个相对的不同部分，因其在数量、体积上给人的视觉冲击效果而使人觉得这两部分相似，从而形成的一种平衡现象。例如，在客厅中央放置的沙发的左边摆放一盏台灯，而在它的右边摆放一些绿色植物盆栽，若两者的体量感相差无几，则可以产生非对称平衡的效果。非对称平衡的效果较为生动，所取得的视觉效果灵活而富于变化，是室内装饰中常用的布置与摆设的方法。

3. 节奏与韵律

节奏是指静态形式在视觉上所引起的律动效果，是有秩序的连续，有规律的反复。最单纯的节奏变化是以相同或相似的形、色为单元进行规律性的重复组织或排列组合。空间视觉造型中重复形式的运用十分广泛，通常有平面与立体两种形式。平面的形、色有固定性，也不因视线的流动而产生太大的变化；而立体的形、色变化较为自由，在视觉上也较为活跃。可以这样理解，室内环境中的空间、色调、光线等形式要素，在组织上合乎某种规律时，在视觉上和心理上就会产生节奏感。

韵律指音乐中的一种听觉感受，但在视觉上也有一种韵律感，因为视线在一组有韵律的构成上所做的时间运动，同样会使人感受到节奏感和韵律感。例如，对称、反复、渐变等都是节奏感很强的构成形式。韵律由构成形式的间隔、大小、强弱的循环不一，视线节奏的快慢，使饰面产生丰富的韵律感，进而产生美的感受。古希腊哲学家亚里士多德认为，爱好节奏和谐之类的美的形式是人类生来就具有的自然倾向。

节奏是韵律形式的纯化，韵律是节奏形式的深化。韵律不是简单的重复，它是具有一定变化规律的相互交替。节奏富于理性，而韵律则富于感性。韵律有极强的形式感染力，能在空间中形成抑扬顿挫的变化，渐强、渐弱、渐大、渐小的韵律能打破单调沉闷的气氛，令人产生兴趣，从而满足人们的精神享受。在室内装饰中适度运用韵律的原理，使静态的空间产生微妙的律动感觉，从而打破沉闷的气氛，制造生动的感受。

4. 比例

比例是物体和物体之间，以及平面布置上的有关条件（如长短、大小、粗细、厚薄和轻重等）在互相搭配后产生的客观尺寸关系。部分与部分之间、部分与整体之间、整体的纵向与横向之间的尺寸数量，都存在着比例。尺寸数量的适度变化可以产生美感。比例的组成往往与"数"相关联，数学上的等差数列、等比数列和黄金比例等都是常用的优美比例。在室内装饰中，几乎所有的问题都与比例有关，室内装饰中的比例问题往往包括平面、物体本身、物体与物体之间、物体与室内空间的比例问题等。除此之外，如何运用比例原理获取最美的位置、造型或结构，如何利用不同的比例制造错觉效果，如何将面积或体积不同的造型和色彩等要素做成完美的比例组织，都是设计者需要仔细考虑的问题。

在室内装饰中，从空间的结构、家具的搭配到细部的组织，都需要注重比例问题。但设计是否合比例、大小是否相宜、长短是否适合、厚薄是否得当、相互是否协调，并无具体的公式可供依据，往往要通过设计者的日常生活实践与工作经验来判断。

5. 对比与和谐

对比是指造型中包含着相对的或矛盾的要素，是构成要素的区别，是差异性的强调，构成要素的对比可以用来强化体量感、虚实感和方向感的表现力。造型有形、色、质的对比，如直线与曲线、圆形与方形、动态与静态、明与暗、大与小、虚与实等均可构成对比，使空间充满活力，扣人心弦。两个物体在同一因素差异程度比较大的条件下才会产生对比，差异程度小则表现为协调状态。对比强调差别，以达到相互衬托、彼此作用的目的。

和谐是相同或相似的要素在一起，是近似性的强调，能满足人们心理上潜在的对秩序的追求，是指在造型、色彩和材质各方面相互调和、协调一致和融洽，强调共性，使其形成主调，从而产生完整、统一的视觉效果。造型的和谐是指在一个室内空间或一个立面上，造型的风格与形式要统一协调，造型不统一的室内环境往往会给人以杂乱、不和谐的感觉。色彩的和谐是指空间中的各种色彩要相互协调，要遵循一定的秩序来分布。色彩效果取决于不同颜色之间的相互关系，同一颜色在不同的背景下，其色彩效果也可以迥然不同。正确处理各种色彩之间的关系，是保证室内色彩和谐的基础。材质的和谐是指在一个室内空间内所用的材质不可过多。现代新型材质之间搭配、古典自然材质之间搭配都可和谐，而新型材料与古典自然材质相互搭配，往往就不和谐，如不锈钢线条装饰在红木家具上，聚酯油漆桌配上原木纹色的椅子，会产生两种材料质感的不和谐。

室内装饰不仅要求装饰面的和谐，而且要求整个室内空间的和谐。无论是建筑结构与家具之间、家具与摆设品之间，还是家具与家具之间，都应该组成一个和谐的整体。对比与和谐要相辅相成，过分的对比会造成刺激和不安定感，而过分的和谐又会显得平庸、单调，所以在视觉造型中，必须适度把握对比与和谐的状态。

第二章 物质层面上的室内设计艺术

室内设计艺术在物质层面上主要体现为室内空间设计、设计材料的应用，以及室内设计的施工工艺三个方面，本章将从这三个方面进行详细论述。合理进行空间布局、合理运用室内设计材料，以及运用恰当的施工工艺，是进行室内设计的基本要求。

第一节 室内空间设计

人类生活在环境中，受环境的影响至深。空间是形成"行为的环境"的重要部分。空间设计，就是运用各种手法对空间形态进行塑造，是对墙、顶、地六面体或多面体空间进行合理分割。室内空间设计的目的是按照实际功能的要求，进一步调整空间尺度和比例关系，从而使空间符合人的活动需求和心理需求。

室内空间设计是指对建筑物内部空间的设计，具体是指在建筑物提供的内部空间内，进一步细微、准确地调整室内空间的形状、尺度、比例、虚实关系，处理好空间与空间之间的衔接、过渡、对比、统一，以及空间的节奏、空间的流通、空间的封闭与通透的关系，从而合理、科学地利用空间，创造出既能满足人们使用要求又能符合人们精神需要的理想空间。

一、室内空间的类型

室内空间的类型是根据建筑空间的内在和外在特征来进行区分的，具体来讲，可以划分为以下几种类型：

（一）开敞空间与封闭空间

开敞空间与外部空间有着或多或少的联系，其私密性较小，强调与周围环境的交流互动与渗透，还常利用借景和对景手法，与大自然或周围的空间融合。与相同面积的封闭空间相比，开敞空间的面积似乎更大。开敞空间呈现出开朗、活跃的空间性格特征。所以，在设计空间时，要合理地处理围透关系，根据建筑的状况处理好空间的开敞形式。

封闭空间是一种建筑内部与外部联系较少的空间类型。在空间性格上，封闭空间是内向型的，体现出静止、凝滞的效果，具有领域感和安全感，私密性较强，有利于隔绝外来的各种干扰。

（二）静态空间与动态空间

静态空间的封闭性较好，限定程度比较强，且具有一定的私密性，如卧室、客房、书房、图书馆、会议室和教室等。在这些环境中，人们要休息、学习、思考，因此室内必须保持安静。静态空间一般色彩清新淡雅，装饰规整，灯光柔和；一般为封闭型，限定性、私密性强；为了寻求静态的平衡，多采用对称设计（四面对称或左右对称）；在设计手法上常运用柔和舒缓的线条进行设计，陈设不会运用超常的尺寸，也不会制造强烈的对比，色泽、光线和谐。

动态空间是现代建筑的一种独特的形式。它是设计师在室内环境的规划中，利用"动态元素"使空间富于运动感，令人产生无限的遐想，具有很强的艺术感染力。这些动态手段（如水体、植物、观光梯等）的运用，可以很好地引导人们的视线，有效地展示室内景物，并暗示人们的活动路线。动态空间可以用于客厅，但更多地会出现在公共的室内空间，如娱乐场所的舞台、商场的展示区域、酒店的绿化区域等。

（三）结构空间与交错空间

结构空间是一种通过暴露建筑构件来表现结构美感的空间类型，其整体空间效果较质朴。

交错空间是一种具有流动效果、相互渗透、穿插交错的空间类型，其主要特点是韵律感强、有活力、有趣味。

（四）凹入空间与外凸空间

凹入空间是指将室内界面局部凹入，形成界面进深层次的一种空间类型，其特点是私密性和领域感较强。

外凸空间是指将室内界面局部凸出，形成界面进深层次的一种空间类型，其主要特点是视野开阔、领域感强。

（五）虚拟空间与共享空间

虚拟空间又称虚空间或心理空间。它处在大空间之中，没有明确的实体边界，依赖形体的启示，如家具、地毯、陈设等，能唤起人们的联想，是心理层面的感知空间。虚拟空间同样具有相对的领域感和独立性。对虚拟空间的理解可以从两方面入手：一是以物体营造的实际虚拟空间；二是指以照明、景观等设计手段创造的虚拟空间，它是人们的心理作用产生的空间。比如，舞台上投向演员的光柱就营造了强烈的空间感。

共享空间是指将多种空间体系融合在一起，在空间形式的处理上采用"大中有小，小中有大，内外镶嵌，相互穿插"的手法，形成一种层次分明、丰富多彩的空间环境。共享空间一般处在建筑的主入口处，常将水平和垂直交通连接为一体，强调空间的流通、渗透、交融，使室内环境室外化、室外环境室内化。

（六）下沉式空间与地台空间

下沉式空间是一种领域感、层次感和围护感较强的空间类型。它是将室内地面局部下沉，改变地面的高度，在统一的空间内产生一个界限明确、富有层次变化的独立空间，可以给人较强的安全感。

地台空间是将室内地面局部抬高，使其与周围空间相比变得醒目与突出的一种空间类型。其主要特点是方位感较强，给人升腾、崇高的感觉，层次丰富，中心突出，主次分明。

二、室内空间的分隔

室内空间的分隔是在建筑空间限定的内部区域进行的，它要在有限的空间中寻求自由与变化，于被动中求主动，是对建筑空间的再创造。在一般情况下，对室内空间的分隔可以利用隔墙与隔断、建筑构件和装饰构件、家具与陈设、水体、绿化等多种要素，按不同形式进行分隔。

（一）室内隔断与隔墙

室内空间常以木、砖、轻钢龙骨、石膏板、铝合金、玻璃等材料进行分隔。形式包括各种造型的隔断、推拉门和折叠门以及各式屏风等。

隔断有着极为灵活的特点。设计时可以按空间营造的需求设计隔断的开放程度，使空间既可以封闭，又可以相对通透。隔断的材料与构造决定了空间的封闭与开敞程度，隔断因其较好的灵活性，可以随意开启或者闭合。在大空间中利用隔断的形式可以划分出数个小空间，实现空间功能的变换和整合。隔断的形态和风格要与室内设计风格相协调。例如，新中式风格的室内设计可以使用带有中式元素的屏风，以分隔室内不同的功能区域，从而形成视觉上的统一。在对空间进行分隔时，对于需要安静和私密性较高的空间，可以使用隔墙来进行完全分隔，形成独立的室内空间。住宅的入口常以隔断（玄关）的形式将入口与起居室有效地分开，营造室内的"灰空间"，起到遮挡视线、使室内外空间过渡的作用。

（二）室内构件

室内构件包括建筑构件与装饰构件。建筑中的列柱、楼梯、扶手属于建筑构件，屏风、博古架、展架属于装饰构件。构件分隔既可以用于垂直的立面上，又可以用于水平的平面上。

　　一般来说，对于水平空间过大、超出结构允许的空间，就需要一定数量的列柱或柱廊。这样不仅满足了空间的需要，还丰富了空间的变化，而且还增加了室内的序列感。相反，宽度小的空间若有列柱，则需要进行弱化。在设计时可以将列柱与家具、装饰物巧妙地组合，或用列柱做成展示序列。对于室内过分高大的空间，可以利用吊顶、下垂式灯具进行有效的处理，这样既避免了空间的过分空旷，又让人感觉惬意、舒适。以钢结构和木结构为主的旋转楼梯、开放式楼梯，本身就拥有实用功能，也对空间的组织和分割起到了特殊作用。对于环形围廊和出挑的平台，可以按照室内尺度与风格进行设计（包括形状、大小等），这不但能让空间的布局、比例、功能更加合理，而且围廊和出挑的平台所形成的层次感与光影效果，也在空间的视觉效果上为使用者带来意想不到的审美感受。各种造型的构架、花架、多宝格等装饰构件都可以用来按需要分隔空间。

　　（三）家具与陈设

　　家具与陈设是室内空间中的重要元素，它们除了具有使用功能与精神功能之外，还可以组织与分隔空间。这种分隔方法是利用空间中桌椅、沙发、茶几等可以移动的家具，将室内空间划分成几个小型功能区域，如商场中的休息区、住宅中的娱乐视听区。这些可以移动的家具的摆放与组织还能有效地暗示人流的走向。

　　此外，室内的家电、钢琴、大型艺术品等陈设品也对空间起到调整和分隔作用。家具与陈设的分隔让空间既有分隔，又相互联系。住宅中起居室里的主要家具是沙发，它为空间围合出家庭的交流区和视听区。沙发与茶几的摆放也确定了室内的行走路线。在公共场所的室内空间与住宅的室内空间里，都不应将储物柜、衣柜等储藏类家具放在主要交通流线上，否则会造成行走与存取物品的不便。餐厨家具的摆放要充分考虑人们在备餐、烹调、洗涤时的动线，要做到合理布局与划分，缩短人们在活动中的行走路线。公共办公空间里的家具布置要根据空间里不同区域的功能进行安排。例如，接待区要远离工作区；来宾的等候区要设置在办公空间的入口处，以免工作人员受到声音的干扰。内部办公家具的布局要依据空间的形状进行安排设计，做到动静分开、主次分明。

合理的空间布局会大大提高工作人员的工作效率。

（四）绿化与水体

室内空间中的绿化、水体的设计也可以有效地分隔空间。植物可以营造清新、自然的空间，设计师可以利用垂直、水平、围合的绿化组织创造室内空间。垂直的绿化组织可以调整界面尺寸与比例关系；水平的绿化组织可以分隔区域、引导流线；围合的绿化组织可以创造活泼的空间气氛。水体不仅能改变局部环境的气候，还可以划分不同的功能空间。瀑布的设计将垂直界面分成不同区域，水平的水体有效地扩大了空间范围。

（五）顶棚

在空间的划分过程中，顶棚的高低也会影响室内设计给人的感觉。设计师应依据空间的具体情况设计高度变化，或低矮或高深。顶棚照明的有序排列所形成的方向感或中心，会与室内的平面布局或人流走向形成对应关系，这种布置灯具的方法经常被用于会议室或剧场。局部顶棚的下降可以增强这一区域的独立性和私密性。酒吧的雅座或西餐厅经常用到这种设计手法。独具特色的局部顶棚形态、材料、色彩以及光线的变幻，能够创造出新奇的虚拟空间。除此之外，还可以利用顶棚上垂下的幕帘来划分或分隔空间。例如，在住宅或餐厅中常用布帘、纱帘、珠帘等分隔空间。

（六）地面

利用地面的抬升或下沉划分空间，可以明确界定空间的各种功能分区。除此之外，利用不同的图案、色彩或材质，也可以对地面起到很好的划分作用。发光地面可以用于表演区。在地面上利用水体、石子等特殊材质可以划分出独特的功能区。具有凹凸变化的地面可以用来引导特殊人群顺利通行。

三、空间的限定

（一）空间的限定方法

1. 设立法

设立法是指把限定元素设置在原空间中，而在该元素周围限定出一个新的空间的方式。在该限定元素的周围常常可以形成一个向心的组合空间，限定元素本身亦经常成为吸引人们视线的焦点。

2. 围合法

围合法是指通过围合的方法来限定空间，是最典型的空间限定方法。在室内设计中，用于围合的限定元素很多，常见的有隔断、隔墙、布帘、家具、绿植等。

3. 覆盖法

覆盖法是指通过覆盖的方式限定空间，亦是一种常用的空间限定方式。室内空间与室外空间的最大区别就在于室内空间一般总是被顶界面覆盖着的，正是由于这些覆盖物的存在，才使室内空间具有遮强光和避风雨等特征。

4. 凸起法

使用凸起法的空间的地面会高于周围的地面。在室内设计中，这种空间形式有强调、突出和展示等功能。

5. 下沉法

下沉法是与凸起法相对的方法，这种方法能够使该区域低于周围的空间。在室内设计中使用下沉法，常常能取得意想不到的效果。它能为周围空间带来居高临下的视觉感受，而且易于营造一种静谧的气氛，同时亦有在一定程度上限制人们活动的功能。

6. 悬架法

悬架法是指在原空间中局部增设一层或多层空间的限定手法。上层空间的地面一般由吊杆悬吊、构件悬挑或由梁柱架起，这种方法有助于丰富空间效果。

7. 质感、色彩、形状、照明等的变化

在室内设计中，通过界面质感、色彩、形状及照明等的变化，也常常能限定空间。这些限定元素主要通过人的意识发挥作用，一般而言，其限定度较低，

属于一种抽象限定。

（二）空间限定度

1. 限定元素的特性

用于限定空间的限定元素，由于其本身在质地、形式、大小、色彩等方面的差异，导致其所形成的空间限定度有所不同。

表 2-1 为在通常情况下，限定元素的特性与限定度的关系，设计人员在设计时可以根据不同的要求进行参考。

表 2-1　限定元素的特性与限定度的强弱关系表

限定度强	限定度弱
限定元素高度较高	限定元素高度较低
限定元素宽度较宽	限定元素宽度较窄
限定元素为向心形状	限定元素为离心形状
限定元素本身封闭	限定原色本身开放
限定元素凹凸较少	限定元素凹凸较多
限定元素质地较硬、较粗	限定元素质地较软、较细
限定元素明度较低	限定元素明度较高
限定元素色彩鲜艳	限定元素色彩淡雅
限定元素移动困难	限定元素易于移动
限定元素与人的距离较近	限定元素与人的距离较远
视线无法通过限定元素	视线可以通过限定元素
限定元素的视线通过度低	限定元素的视线通过度高

2. 限定元素的组合方式

限定元素之间的组合方式与限定度存在很大的关系。在现实生活中，不同的限定元素具有不同的特征，加之其组合方式的不同，因此，形成了一系列限定度各不相同的空间，创造了丰富多彩的空间感。由于室内空间一般由上、下、左、右、前、后六个界面构成，所以，为了方便分析问题，我们可以假设各界面均为面状实体，以此突出限定元素的组合方式与限定度的关系。

（1）垂直面与底面的组合

由于室内空间的最大特点在于它具备顶面，因此，严格来说，仅有底面与垂直面组合的情况在室内设计中是较难找到实例的。这里之所以摒除顶面而加以讨论，一方面，是为了能较全面地分析问题；另一方面，现实中也会出现在一个室内空间中限定某一局部空间的现象。垂直面与底面的组合一般包括以下几种情况：

第一，底面加一个垂直面。此时，人在面向垂直限定元素时，该垂直限定元素对人的行动和视线有较强的限定作用；当人背向垂直限定元素时，有一定的依靠感。

第二，底面加两个相交的垂直面。此时，空间有一定的限定度与围合感。

第三，底面加两个相向的垂直面。此时，人在面朝垂直限定元素时，有一定的限定感。若垂直限定元素具有较长的连续性，则能提高限定度，空间易产生流动感。

第四，底面加三个垂直面。此时常常会形成一种袋形空间，限定度比较高。当人面向无限定元素的方向时，则会产生居中感和安心感。

第五，底面加四个垂直面。此时的限定度很大，给人以强烈的封闭感，人的行动和视线均受到限定。

（2）顶面、垂直面与底面的组合

这种组合方法不但运用于建筑设计中，而且也经常用于对室内空间的再限定中。顶面、垂直面与底面的组合一般包括以下几种情况：

第一，底面加顶面。这种组合的限定度弱，但有一定的隐蔽感与覆盖感。在室内设计中，常常通过在局部悬吊一个格栅或一片吊顶来达到这种效果。

第二，底面加顶面加一个垂直面。此时，空间由开放走向封闭，但限定度仍然较低。

第三，底面加顶面加两个相交的垂直面。此时，如果人面向垂直限定元素，则有限定度与封闭感；如果人背向角落，则有一定的居中感。

第四，底面加顶面加两个相向的垂直面。此时会产生一种管状空间，空间有流动感。若垂直限定元素长而连续，则封闭性较强。

第五，底面加顶面加三个垂直面。当人面向没有垂直限定元素的空间时，则有很强的安定感；反之，则有很强的限定度与封闭感。

第六，底面加顶面加四个垂直面。这种构造会给人以限定度高、空间封闭的感觉。

限定元素本身的特征不同，用其所限定的空间的限定度也各不相同，由此产生了千变万化的空间效果。

第二节 室内设计材料的分类与应用

一、装饰材料的分类

生活中常用的装饰装修材料主要有黄沙、水泥、黏土砖、木材、人造板材、钢材、瓷砖、合金材料、天然石材和各种人造材料。在如今科技突飞猛进的时代，室内装饰行业所使用的材料也日新月异、不断更新。下面介绍的各种材料具有鲜明的时代特征，反映了室内装饰行业的一些特点。

（一）铺地材料

铺地材料由过去的瓷砖、石材、地毯逐渐转变为柚木、榉木等材质的实木地板，如实木多层复合地板、欧式强化复合地板等无毒、无污染的天然绿色环保型地板。最新出现的负离子复合地板不仅具有透气性好、冬暖夏凉、脚感舒适的特点，而且木纹图案美观、色彩绚丽、风格自然，并有使空气新鲜、除臭、除害的功能。

（二）厨房设备

在现代室内设计中，设计师对传统式厨房进行创新改革，采用彩色面板、仿真石板、防火板，将厨具中的操作台、立柜、吊柜、角柜等组合起来，由专业的厨具厂家生产，排列成"一""L""U""品"等形状，做成一整套设计完善的欧式厨房设备，实现烹饪操作的电气化、使用功能安全化和清洗、消毒、储藏的机械化，大大地减轻了炊事劳动负担。食渣处理器的应用，使厨房设备与现代化居室装饰日趋完美，是人们对于"厨房革命"的新追求。

（三）卫生洁具

卫生洁具的功能已从保持卫生发展为清洁、健身、理疗及休闲享受。卫浴设备由单一的白色，发展到乳白、黑、红、蓝等多种颜色；浴缸材料有铸铁、玻璃、人造大理石等；五金配件有单手柄冷（热）水龙头、恒温龙头、单柄多控龙头、防雾化妆镜、红外取暖器、智能浴巾架等。此外，部分室内设计还采用了高新电子技术，如太阳能热水器、红外定时冲洗便器、智能电脑坐便器、压力式坐便器和喷水喷气按摩浴缸、电脑蒸汽淋浴房、光波浴房、气泡振动发生器等保健型卫浴设备，这些设备具有消除疲劳、健身舒适的享受功能。

（四）装饰五金

居室的门窗装饰装潢材料有铜、不锈钢、双金属复合材料、铝木、铝合金、锌合金、水晶玻璃、大理石、ABS 塑料等；表面涂饰有金色、银色、古铜色等各种色彩；门窗有艺术雕刻金属门、红外感应自动门、无框门窗、中空玻璃窗、多用途防盗门窗、塑钢门窗等；与门窗配套的有闭门器、地弹簧、防火拉手、艺术雕刻花纹拉手、各类图案的环、古典执手锁、电子锁、铝木门窗、浮雕彩绘拼嵌玻璃、红外遥控监视器等。装饰五金的使用使门窗装饰造型更加美丽别致、更安全、更具有时代风貌。

（五）灯饰

灯饰用品已不局限于过去的台灯、壁灯、落地灯、吸顶灯、庭院灯、水晶珠灯等，发展到导轨灯、射灯、筒型灯、宫廷灯、荧光灯及新开发的电子感应的无接触红外控制灯、音频传感灯、触摸灯、智能化遥控调光灯、光导纤维壁纸灯等。具有艺术设计的灯具与室内环境设计及体现整体性的家具搭配，使居室装饰不仅具有大方简洁、格调高雅、富有情趣的特征，而且追求个性特色，讲究造型的整体效果。

（六）墙纸

如今的墙纸品种繁多。丝光墙纸、塑料墙纸、金属墙纸、防火阻燃墙纸、多功能墙纸、杀虫灭蚊墙纸、光导纤维发光墙纸、浮雕墙纸、仿砖墙和仿大理石等各种墙纸琳琅满目，花色品种繁多，图案清新雅致。

二、室内装饰材料的性质与应用

（一）木材制品

木材由于其具有的独特性质和天然纹理，应用非常广泛。它不仅是我国具有悠久历史的传统建筑材料（如制作建筑物的木屋架、木梁、木柱、木门、木窗等），也是现代建筑主要的装饰装修材料（如木地板、木制人造板、木制线条等）。

木材由于树种及生长环境的不同，其构造差别很大。而木材的构造也决定了木材的性质。

1. 木材的分类

（1）按叶片分类

按照树木叶片的不同，木材主要可以分为针叶树材和阔叶树材。

针叶树的树叶细长如针，树干通直高大，纹理顺直，表观密度和胀缩变形程度较小，强度较高，有较多的树脂，耐腐性较强，木质较软而易于加工，又称"软木"，多为常绿树。常见的针叶树种有红松、白松、马尾松、落叶松、杉树、柏树等，主要用于制作各类建筑构件、家具及普通胶合板等。

阔叶树的树叶宽大，树干通直部分较短，表观密度大，胀缩和翘曲变形程度大，材质较硬，易开裂，难加工，又称"硬木"，多为落叶树。硬木常用于尺寸较小的建筑构件（如楼梯木扶手、木花格等），但由于硬木具有各种天然纹理，装饰性好，因此可以制成各种装饰贴面板和木地板。常见的阔叶树种有樟树、榉树、胡桃树、柚树、柳桉、水曲柳及桦树。

（2）按用途分类

按加工程度和用途的不同，木材可分为原木、原条和板方材等。原木是指树木被伐倒后，被修枝并截成规定长度的木材；原条是指只经修枝、剥皮，没有加工造材的木材；板方材是指按一定尺寸锯开、加工成形的板材和方材。

2. 木材的性质

（1）轻质高强

木材是非均质的各向异性材料，表观密度约为 550 kg/m³，且具有较高的顺纹抗拉、抗压和抗弯强度。我国以木材含水率为 15% 时的实测强度作为木材的强度。木材的表观密度与木材的含水率和孔隙率有关，木材的含水率越大，表观密度越大；木材的孔隙率越小，则表观密度越大。

（2）保温隔热

木材孔隙率可达 50%，热导率小，具有较好的保温隔热性能。

（3）耐腐、耐久

木材只要长期处在通风干燥的环境中，并给予适当的维护或维修，就不会腐朽损坏，具有较好的耐久性，且不易导电。我国木结构古建筑已有几千年的历史，大多数至今仍完好无损。但是，如果木材长期处于 50 ℃ 以上的环境，就会导致其强度下降。

（4）含水率高

当木材细胞壁内的吸附水达到饱和状态，而细胞腔与细胞间隙中无自由水时，木材的含水率称为纤维饱和点。纤维饱和点随树种的不同而不同，通常为 25% ～ 35%，平均值约为 30%，它是使木材的物理力学性能发生变化的临界点。

（5）吸湿性强

木材中所含的水分会随木材所处环境的温度和湿度的变化而变化，潮湿的木材在干燥环境中会失去水分，同样，干燥的木材也会在潮湿的环境中吸收水分，最终，木材的含水率会与周围环境空气的相对湿度达到平衡。这时，木材的含水率叫作平衡含水率，平衡含水率会随温度和湿度的变化而变化，使用木材前必须使其干燥程度达到平衡含水率。

（6）弹性、韧性好

木材是天然的有机高分子材料，弹性、韧性好，具有良好的抗震、抗冲击能力。

（7）装饰性好

木材的天然纹理清晰，颜色各异，具有独特的装饰效果，且加工、制作、安装方便，是理想的室内装饰装修材料。

（8）湿胀干缩

木材的表观密度越大，变形程度越大，这是由木材细胞壁内的吸附水引起的。顺纹方向的胀缩变形程度最小，径向较大，弦向最大。当木材从潮湿状态干燥至纤维饱和点时，其尺寸不改变，如果继续干燥，当细胞壁中的吸附水开始蒸发时，则木材体积发生收缩；反之，干燥的木材吸收水分后，体积发生膨胀，直到含水率达到纤维饱和点为止，此后，木材的含水率继续增大，但不再膨胀。

木材的湿胀干缩对木材的使用有很大影响，干缩会使木结构构件产生裂缝或翘曲变形；湿胀则会造成木材表面凸起。

（9）天然疵病

木材易被虫蛀、易燃，处于干湿交替的环境中会腐朽，因此，木材的使用范围和作用受到限制。

3. 木材的处理

（1）干燥处理

为使木材在使用过程中保持其原有的尺寸和形状，避免其发生变形、翘曲和开裂，并防止腐朽、虫蛀，保证其正常使用，在加工、使用木材前，必须对其进行干燥处理。

木材的干燥处理方法可根据树种、木材规格、用途和设备条件选择。自然干燥法不需要使用特殊设备，干燥后的木材质量较好，但干燥时间长，占用场地大，只能干到风干状态。采用人工干燥法，时间短，但如干燥方式不当，会因木材收缩不均，而引起开裂。木材的加工应在干燥之后进行。

（2）防腐和防虫处理

在建造房屋或进行建筑装饰装修时，不能使木材受潮，应使木制构件处于良好的通风环境中，不应将桁架支座节点或木制构件封闭在墙内；木地板下、木护墙及木踢脚板等应设置通风洞。

木材经防腐处理后，产生含毒物质，可杜绝菌类、昆虫繁殖。常用的防腐、防虫剂有：水剂（硼酚合剂、铜铬砷合剂和硼酸等）、油剂（混合防腐剂、强化防腐剂等）、乳剂（二氯苯醚菊酯）和氟化钠沥青膏浆等。处理方法可分为涂刷法和浸渍法，前者施工简单，后者效果显著。

（3）防火处理

木材是易燃材料，在进行建筑装饰装修时，要对木制品进行防火处理。木材防火处理的通常做法是在木材表面涂防火涂料，也可把木材放入防火涂料槽内进行浸渍处理。

根据胶结性质的不同，防火涂料分为油质防火涂料、过氯乙烯防火涂料、硅酸盐防火涂料和可赛银防火涂料。前两种防火涂料的抗水性好，可用于露天结构；后两种防火涂料的抗水性差，可用于不直接受潮湿的木构件上。

（二）石材制品

1. 常见的石材品种

（1）大理石

大理石是变质岩，硬度中等，是碱性岩石，其结晶主要由云石和方解石组成，主要成分以碳酸钙为主，占总体的50%以上。我国云南大理县以盛产大理石而驰名中外。

大理石具有独特的装饰效果，品种有纯色和花斑两大系列，花斑系列为斑驳状纹理，品种多色泽鲜艳，材质细腻。大理石的抗压强度较高，吸水率低，不易变形，硬度中等，耐磨性好，易加工，耐久性好。

大理石主要用于建筑物的室内墙面、柱面、栏杆、窗台板、服务台、楼梯踏步、电梯间、门脸等饰面，也可以制造成工艺品、壁面和浮雕等。

（2）花岗岩

花岗岩是指具有装饰效果，可以进行磨平、抛光的各类火成岩。花岗岩具有全晶质结构，材质硬，其结晶主要由石英、云母和长石组成，成分以二氧化硅为主，占总体的65%～75%。

花岗岩的板材主要用作建筑室内外饰面材料以及重要的大型建筑物基础踏步，如栏杆、堤坝、桥梁、路面、街边石、城市雕塑、纪念碑、旱冰场地面等。

（3）人造石材

我国在20世纪70年代末开始从国外引进人造石材样品、技术资料及成套设备，20世纪80年代进入了人造石材的生产发展时期。目前，我国有些人造石材的质量已达到国际同类产品的水平，并被广泛应用于室内设计的装饰装修工程中。

人造石材不但具有材质轻、强度高、耐污染、耐腐蚀、无色差、施工方便等优点，且板材整体性极强，可免去翻口、磨边、开洞等再加工程序。

人造石材一般适用于客厅、书房、走廊的墙面或柱面装饰，还可用于制作工作台面及各种卫生洁具，也可被加工成浮雕、工艺品、美术装潢品和陈设品等。

人造石材包括水泥型人造石材、聚酯型人造石材、复合型人造石材、烧结型人造石材、微晶玻璃型人造石材等。

2. 石材的选择

（1）表面观察

由于地理、环境、气候、朝向等自然条件不同，因此石材的构造也不同，有些石材具有结构均匀、细腻的质感，有些石材则颗粒较粗。不同产地、不同品种的石材具有不同的质感效果，因此必须正确地选择需要的石材品种。

（2）规格尺寸

石材规格必须符合设计要求，铺贴前应认真复核石材的规格尺寸，确认是否准确，以免导致铺贴后的图案、花纹、线条变形，影响装饰效果。

（3）试水检验

试水检验的方法通常是在石材的背面滴上一小滴墨水，如墨水很快四处分散浸出，即表明石材内部颗粒松动或存在缝隙，石材质量不好；反之，若墨水滴在原地不动，则说明石材质地较好。

（4）声音鉴别

听石材的敲击声是鉴别石材质量的方法之一。好的石材的敲击声清脆悦耳；若石材内部存在轻微裂隙或因风化导致的颗粒间接触变松的现象，则敲击声粗哑。

（三）陶瓷砖

1. 陶瓷砖的品种

（1）釉面内墙砖

釉面内墙砖又名釉面砖、瓷砖、瓷片、釉面陶土砖。釉面砖是以难熔黏土为主要原料，再加入非可塑性掺料和助熔剂，共同研磨成浆，经榨泥、烘干后成为含有一定水分的坯料，并通过机器压制成薄片，然后经过烘干、素烧、施釉等工序制成的。釉面砖是精陶制品，吸水率较高。

釉面砖正面施有釉，背面呈凹凸状，釉面有各种颜色、花纹和效果，如白色、彩色、花色、结晶、珠光、斑纹等。

（2）墙地砖

墙地砖以优质陶土为原料，再加入其他材料配成主料，半干后通过机器压制成型，然后在 1100 ℃左右的高温下焙烧而成。墙地砖通常指建筑物的外墙贴面用砖和室内外地面用砖。由于这类砖通常可以墙地两用，故称为墙地砖。墙地砖的吸水率较低，均不超过 10%。墙地砖背面呈凹凸状，以增加其与水泥砂浆的黏结力。

墙地砖的表面经配料和工艺设计可制成平面、毛面、磨光面、抛光面、花纹面、压花浮雕面、金属光泽面、防滑面、耐磨面等。

2. 瓷砖的选用

（1）外观检查

瓷砖的色泽要均匀，表面光洁度及平整度要好，周边规则，图案完整。可从一箱瓷砖中抽出四五片，查看有无色差、变形、缺棱少角等缺陷。

（2）声音鉴别

用硬物轻击瓷砖，声音越清脆，则瓷化程度越高，质量越好；如果声音沉闷，则为下品。

（3）滴水试验

可将水滴在瓷砖背面，看水散开后浸润速度的快慢，一般来说，吸水越慢，说明该瓷砖密度越高，质量就越好；吸水越快，说明瓷砖密度越低，质量就越差。

（4）规格尺寸

通常来讲，瓷砖边长的精确度越高，铺贴后的效果越好。

（5）硬度

瓷砖以硬度良好、韧性强、不易破碎为上品。用瓷砖残片的棱角互相划，查看碎片的断裂处是细密还是疏松，即可检验瓷砖硬度。

（6）密度

同等大小的瓷砖，可通过手感判断其重量，重量大则致密度高、硬度高、强度高；反之，则瓷砖的质地较差。

（7）釉面识别

在距釉面 1 米的范围内以肉眼观察其表面有无针孔，若有针孔则为下品。

（四）塑料制品

1. 塑料的性质

在装饰工程中，采用塑料制品代替其他装饰材料，不仅能获得良好的装饰及艺术效果，而且能减轻建筑物的自重，提高施工效率，降低工程费用。近年来，塑料制品在装饰工程中的应用范围不断扩大。塑料有如下几点性质：

（1）质量较轻

塑料的密度在 $0.9 \sim 2.2 \ g/cm^3$ 之间，平均密度约为钢的 1/5、铝的 1/2、混凝土的 1/3，与木材接近。因此，将塑料用于建筑工程，不仅可以减轻施工强度，而且可以降低建筑物的自重。

（2）导热性低

密实塑料的热导率一般为 $0.12 \sim 0.8 \ W/（m \cdot K）$，约为金属的 $1/500 \sim 1/600$。泡沫塑料的热导率只有 $0.02 \sim 0.046 \ W/（m \cdot K）$，约为金属材料的 1/1500、混凝土的 1/40、砖的 1/20，是理想的绝热材料。

（3）比强度高

塑料及其制品的强度与表观密度之比（比强度）远远超过混凝土，接近甚至超过了钢材，是一种优良的轻质高强材料。

（4）稳定性好

塑料遇到一般的酸、碱、盐、油脂及蒸汽时，有较高的化学稳定性。

（5）绝缘性好

塑料是良好的绝缘体，可与橡胶、陶瓷媲美。

（6）多功能性

塑料的品种多，功能各异。某种塑料通过改变配方后，其性能也会发生变化，即使是同一制品，也可具有多种功能。例如，塑料地板不仅具有较好的装饰性，而且还有一定的弹性、耐污性和隔声性。

（7）装饰性优异

塑料表面能着色，可绘制色彩鲜艳、线条清晰、光泽明亮的图案，不仅能形成类似大理石、花岗岩和木材表面的装饰效果，而且还可通过电镀、热压、烫金等制成各种图案和花纹，使其表面具有立体感和金属的质感。

（8）性价比高

建筑塑料制品的价格一般较高，但性能相对较好。例如，塑料门窗的价格与铝合金门窗的价格相当，但由于它的节能效果高于铝合金门窗，所以无论从使用效果方面，还是从经济方面进行比较，塑料门窗均优于铝合金门窗。建筑塑料制品在安装和使用的过程中，施工和维修保养的费用也较低。

除以上优点外，塑料还具有加工性能好、有利于建筑工业化等的优良特点。但塑料自身尚存在着一些缺陷，如易燃、易老化、耐热性较差、弹性模量低、刚度差等。

2. 塑料制品的应用

（1）塑料地板

塑料地板按材质可分为聚氯乙烯树脂塑料地板、聚乙烯－醋酸乙烯塑料地板、聚丙烯树脂塑料地板、氯化聚乙烯树脂塑料地板。

塑料地板主要有以下特性：轻质、耐磨、防滑、可自熄；回弹性好，柔软度适当，脚感舒适，耐水，易清洁；规格多，造价低，施工方便；花色品种多，装饰性能好；可以通过彩色照相制版印刷出各种色彩丰富的图案。

（2）塑料门窗

为了增强塑料门窗的刚性，通常在塑料型材的空腔内增加钢材（加强筋）形成塑钢窗、塑钢门。

塑料窗具有如下特点：耐水，耐腐蚀，隔热性能好，气密性好，隔声性好，装饰性好，易于保养，节约能源。

塑料门与塑料窗一样具有上述优点，主要包括镶板门、框板门、折叠门等各种类型。

（3）壁纸

塑料壁纸是以一定的材料为基材，在表面进行涂塑后，再经过印花、压花或发泡处理等多种工艺制成的一种饰面装饰材料。

塑料壁纸有非发泡塑料壁纸，发泡塑料壁纸、特种塑料壁纸（如耐水塑料壁纸、防霉塑料壁纸、防火塑料壁纸、防结露塑料壁纸、芳香塑料壁纸、彩砂塑料壁纸、屏蔽塑料壁纸）等。

塑料壁纸质量等级可分为优等品、一等品、合格品，且都必须符合国家《室内装饰装修材料壁纸中有害物质限量》所规定的强制性标准。

塑料壁纸具有以下特点：①装饰效果好。由于壁纸表面可进行印花、压花及发泡处理，能仿天然型材、木纹及锦缎，达到以假乱真的程度，并通过精心设计，印刷适合各种环境的花纹图案，几乎不受限制，色彩也可任意调配，做到自然流畅、清淡高雅。②性能优越。塑料根据需要可加工成难燃、隔热、吸声、防霉，且不易结露、不怕水洗、不易受机械损伤的产品。③适合大规模生产。塑料的加工性能良好，可进行工业化连续生产。④粘贴方便。塑料壁纸，用白乳胶即可粘贴，且透气性好，可在尚未完全干燥的墙面粘贴，而不致起鼓、剥落。⑤使用寿命长，易维修保养。表面可清洗，对酸碱有较强的抵抗能力。

（五）玻璃制品

1. 玻璃的作用

玻璃的作用包括以下几方面：①采光，如各种门、窗玻璃等；②围护、分隔空间，如各类室内玻璃隔墙、隔断等；③控制光线，如外墙有色玻璃、镀膜玻璃等；④反射，如镜面玻璃；⑤保温、隔热、隔声、安全等多功能，如夹层玻璃、中空玻璃、钢化玻璃等；⑥艺术效果，如经着色、刻花等工艺处理制成的玻璃屏风、玻璃花饰、玻璃雕塑品等。

2. 玻璃的品种

（1）普通平板玻璃

普通平板玻璃具有良好的透光、透视性，透光率达到85%左右，紫外线的透过率较低，隔声，略具保温性能，有一定机械强度，为脆性材料。

普通平板玻璃主要用于房屋建筑工程，部分经加工处理后可制成钢化夹层、镀膜、中空等玻璃；少量平板玻璃可用于工艺玻璃。

玻璃是易碎品，故通常用木箱或集装箱包装。在贮存、装卸和运输平板玻璃时，必须使箱盖朝上、垂直立放，并须注意防潮、防水。

（2）钢化玻璃

钢化玻璃又叫强化玻璃，它是利用加热到一定温度后迅速冷却的方法或化学方法进行特殊钢化处理的玻璃，其强度比未经钢化处理的玻璃高 4～6 倍。

钢化玻璃是普通平板玻璃的二次加工产品。钢化玻璃的生产可分为物理钢化法和化学钢化法。物理钢化又叫淬火钢化，是将普通平板玻璃在炉内加热至接近软化点温度（650 ℃左右），通过玻璃本身的变形来消除其内部应力，然后将玻璃移出加热炉，立即用多头喷嘴向玻璃两面喷吹冷空气，使其迅速均匀地冷却，当冷却到室温时，便形成了高强度钢化玻璃。

钢化玻璃一般具有如下特点：① 机械强度高，具有较好的抗冲击性；② 安全性能好，当钢化玻璃破碎时，会碎裂成无尖锐棱角的小碎块，不易伤人；③ 热稳定性好，具有抗弯及耐急冷、急热的性能，其最大安全工作温度可达到 287.78 ℃；④ 钢化玻璃形成后不能切割、钻孔、磨削，边角不能碰击、扳压，选用时须按实际规格尺寸或设计要求进行机械加工定制。

（3）夹丝玻璃

夹丝玻璃是安全玻璃的一种，它是将预先处理好的钢丝网，压入软化后的红热玻璃中制成的。其特点是安全、抗折强度高、热稳定性好。夹丝玻璃可用于各类建筑的阳台、走廊、防火门、楼梯间、采光屋面等。

（4）中空玻璃

中空玻璃按原片性能分为普通中空玻璃、吸热中空玻璃、钢化中空玻璃、夹层中空玻璃、热反射中空玻璃等。中空玻璃是由两片或多片平板玻璃沿周边隔开，并用高强度胶黏剂和密封条黏接密封而成的，玻璃之间充有干燥空气或惰性气体。

中空玻璃还可以制成各种不同颜色或镀以不同性能的薄膜，整体拼装构件是在工厂里完成的，有时也可以在框底放上钢化玻璃、压花玻璃、吸热坡璃、热反射玻璃等，颜色有无色、茶色、蓝色、灰色、紫色、金色、银色等。中空玻璃的玻璃与玻璃之间留有一定的空腔，因此具有良好的保温、隔热、隔声等性能。如果在空腔中充入各种能漫射光线的材料或介质，则可获得更好的声控、光控、隔热等效果。

中空玻璃用于房屋的门窗、车船的门窗、建筑幕墙，以及需要采暖保温、防噪、防结露的建筑物。

（5）变色玻璃

变色玻璃有光致变色玻璃和电致变色玻璃两大类。在玻璃中加入氯化银，或在玻璃与有机夹层中加入钼和钨的感光化合物，就能获得光致变色玻璃。如果光致变色玻璃受到太阳光或其他光线的照射，颜色就会随光线的增强而逐渐变暗，当光照停止后又恢复原来的颜色。

变色玻璃能自动控制进入室内的太阳辐射，从而降低能耗，改善室内的自然采光条件，具有防窥视、防眩光的作用。变色玻璃可用于建筑门、窗、隔断和智能化建筑。

（六）石膏

石膏是一种白色粉末状的气硬性无机胶凝材料，具有孔隙率大（重量轻）、保温隔热、吸声防火、容易加工、装饰性好的特点，所以在建筑装饰装修工程中被广泛使用。下面是几种常用的石膏装饰材料：

1. 石膏板

石膏板是以建筑石膏为主要原料制成的，具有质轻、绝热、不燃、防火、防震，以及方便、调节室内湿度等特点。为了增强石膏板的抗弯强度，减小其脆性，在制作石膏板时，其中往往掺加轻质填充料，如锯末、膨胀珍珠岩、膨胀蛭石、陶粒等。

以轻钢龙骨为骨架、石膏板为饰面材料的轻钢龙骨石膏板构造体系是目前我国制作建筑室内轻质隔墙和吊顶的最常用的做法。轻钢龙骨石膏板的特点是自重轻、占地面积小，增加了房间的有效使用面积，施工作业不受气候条件影响，安装简便。

2. 石膏浮雕

以石膏为基料，加入玻璃纤维可制成各种平板、小方板、墙身板、饰线、灯圈、浮雕、花角、圆柱、方柱等，用于室内装饰。其特点是能锯、钉、刨，可修补，防火，防潮，安装方便。

（七）矿棉板和玻璃棉

矿物棉、玻璃棉是新型的装饰材料，具有轻质、吸声、防火、保温、隔热、美观大方、可钉可锯、施工简便等优良性能，装配化程度高，是干作业法，是高级宾馆、办公室、公共场所比较理想的顶棚装饰材料。

矿棉装饰吸声板是以矿渣棉为主要材料，加入适量的黏结剂、防腐剂、防潮剂，经过配料、加压成形、烘干、切割、开榫、表面精加工和喷涂而制成的一种顶棚装饰材料。

矿棉吸声板的形状主要有正方形和长方形两种，常用尺寸有：500 mm×500 mm、600 mm×600 mm 或 300 mm×600 mm、600 mm×1200 mm 等。其厚度为 9～20 mm。矿物棉装饰吸声板表面有各种色彩，花纹图案繁多，有的表面被加工成树皮纹理，有的则被加工成小浮雕或满天星图案，具有各种装饰效果。

（八）水泥

水泥的品种

水泥是一种粉末状物质，它与适量的水拌和成塑性浆体后，经过一系列物理化学作用能变成坚硬的水泥石。水泥浆体不但能在空气中硬化，还能在水中硬化，故属于水硬性胶凝材料。水泥、沙子、石子加水胶结成整体，就成为坚硬的人造石材（混凝土），再加入钢筋，就成为钢筋混凝土。

建筑装饰装修工程主要用的水泥品种是硅酸盐水泥、普通硅酸盐水泥、白色硅酸盐水泥。

2. 水泥的应用

水泥作为饰面材料，需要与沙子、石灰（另掺加一定比例的水）等按配合比经混合拌和组成水泥砂浆或水泥混合砂浆（总称抹面砂浆），抹面砂浆包括一般抹灰和装饰抹灰。

第三节　室内设计的施工工艺

室内装饰的施工工艺流程会对施工能否顺利进行和装修的整体质量产生很大的影响。甚至可以说，装饰施工工艺流程的制定和执行决定了室内设计的水平。

一、墙体改造

墙体改造施工工序中需要注意的环节有如下几项：① 只能拆除隔断墙，不能破坏承重墙；② 拆除墙体会产生很大的噪声，所以最好选择在非节假日和非午休时间进行；③ 在一些私密空间里，新砌的隔断墙如果采用的是龙骨加石膏板的做法，就必须在中间夹上吸音棉，以提高隔断墙的隔音能力。

二、水电改造

水电改造施工工序中需要注意的环节主要有以下几项：① 水电工程从材料到施工都需要严格把握工作质量，一是因为目前水电改造大多采用暗装的方式，一旦出现问题，维修极不方便；二是因为水电工程一旦出现问题，不仅会损失金钱，还可能造成极大的安全问题。② 电势的数量要仔细询问业主的需要，根据业主的实际需求设定电势数量。原则上是"宁多毋少"。③ 目前，不少家庭制作橱柜一般都采用在厂家定做的方式，因而在进行水电改造的同时，需要联系橱柜厂家来进行实地测量和设计，根据橱柜的情况确定插座、开关的数量和位置，以及水槽的大小和位置。

三、泥水工程

泥水工程施工工序中需要注意的环节主要有以下几项：① 装修工程中的防水工程大多是由泥水工人完成的，因而也可以将防水工程归入这道工序。做防水时需要特别注意，在一些用水较多的空间（如卫生间、生活阳台等）绝对不能省略防水处理，也不能漏刷、少刷。漏刷、少刷任何一处都有可能导致将来发生渗漏，一旦渗漏，不仅对自己的室内造成损害，而且还可能会给他人带来麻烦。② 在泥水工程施工的同时，可以请空调商家派人先将空调孔打好。打空调孔时，粉尘极多，所以应该尽量在泥水施工的同时或油漆工程完工之前进行。

四、油漆工程

油漆工程是装修中的形象展现工程，木工做完后，最终效果是要靠油漆工程来完成的。油漆工程通常包括木制品油漆、墙面乳胶漆及其他各类特种涂料的施工。

油漆工程施工工序中需要注意的环节主要有以下几项：① 在油漆工程施工时，需要停掉那些会制造粉尘的工序，给油漆施工营造一个相对干净、无尘的环境，以避免粉尘对油漆施工的影响，这样才能确保油漆施工的质量。② 使用墙面乳胶漆时，必须坚持"一底两面"，即刷一遍底漆，刷两遍面漆。省略底漆可能会造成面漆吸附不牢和易碱化等问题。③ 刷墙面乳胶漆时，最好在安装开关插座、铺地板之类的安装工程完成之后，再刷最后一遍面漆，因为这些安装工程难免会对墙面造成一定的污损，所以将最后一遍面漆留到安装工程之后进行，可以在一定程度上避免这些问题。

五、安装工程

安装工程指的是各种材料和制品的安装，包括开关插座的安装、厨卫天花铝扣板的安装、橱柜的安装、卫浴产品及配件的安装、暖气的安装、门锁的安装、灯具的安装等。

目前，厨卫空间的吊顶多采用天花铝扣板。天花铝扣板可以找商家提供安装服务，这样如果出了问题，责任是明确的。如果由装饰公司安装，出了问题很难说清楚是材料的问题还是安装的问题。同时，在安装天花铝扣板时，还需要考虑浴霸和厨卫灯具的安装。尤其是浴霸，由于浴霸通常是由商家安装的，因此要协调好安装天花铝扣板和安装浴霸的时间，最好是同步进行。橱柜也是由厂家负责安装的。需要注意的是，安装橱柜时需要提前买好水槽、抽油烟机、燃气灶、微波炉、消毒柜等设备，到时和橱柜一起安装。目前，非常流行整体橱柜，甚至连冰箱等设备都可以被整合在橱柜里，所以，在橱柜设计、定做之前就必须确定相关的电器、用具的需要及尺寸。门锁的安装应安排在油漆工程结束之后进行，如果之前就安装好了门锁，上漆时门锁容易沾上油漆，不易清除。

第三章　精神层面上的室内设计艺术

室内设计是一门实用型的艺术，其作品是一种艺术创造，本章主要研究精神层面上的室内设计艺术，包括室内设计情感的表达方式和室内设计的风格与流派。

第一节　室内设计情感的表达方式

一、设计艺术中的情感

设计艺术是一门实用型的艺术，设计作品也是一种艺术创造，用来唤起并激发人们愉悦的情感体验，使其产生正面态度。设计艺术使人们习惯生活在情感符号组成的现实世界中。在设计工作中，设计师们通过各种有意味形式的设计语言，传递并主动激发人们的情感体验，使人们在解读艺术空间意味时，能产生类似的情感和体验，从而获得信息交流中的情感共鸣。如何准确把握在设计中所运用的情感符号和这些符号对人们可能产生的情感体验之间的关系，才是正确表达与接收情感的关键所在。

艺术设计中的情感不是一种脱离功利性的情感，它是伴随着设计目的实现的过程产生的。从开始的那一刻，它就是以功利性的需要作为基本前提的，其中所有的情感体验都不可能脱离设计目的的需要，即使是设计中的情感体验也是如此。在这种目的性的情感体验中，有为实现目的而激发的情感体验——利用情感作为一种动力，以及目的实现过程中所激发的情感，情感是人们对环境的感知所带来相应的变化。所以，艺术设计中的情感首先是具有明确目的性的，本质上是为了满足人们对某种功能的需要而进行的，给人情感上的愉悦并非其本质目的，能够激发人的审美情感是为了使设计更加符合设计目的的需要。

设计中的情感体验，是人与物之间相互作用的结果。环境对于设计中的情感具有重要的作用，从情绪的认知理论我们可以了解到外在的情境对引起情绪有重要的影响。我们了解了设计艺术中情感的特征，就可以根据需要的多层次性、复杂多样性，来激发不同类型、层面的情感体验，如审美带来的愉悦感以及更多其他类型的情感。这种多层次、多样性的情感体验，又能够给设计师提供创意的多种可能，帮助其更好地完成具有针对性的设计。

二、空间环境中情感的表达方式

（一）空间环境中的情感

情感的和精神的内容可以在声音、形状、图像、线条和色彩等构成的物理结构中得到艺术的体现。在日常生活中，我们所处的任何人造空间环境，如室内结构的布置、空间的划分、家具的摆放、色彩的装饰等，都可以表现特定的情感意味，因而能影响生活在这个环境中的人们的情感心理。人总是处在一定的空间环境中的，人与空间之间进行的互动交流使得这个特定的环境中充满了特定的情感意味。在形容一个人性化的空间时，除了人与空间一定的功能关系，还包含审美的、想象的、浪漫的、充满人情味的感情因素，人置身其中，必然可以受到环境气氛的感染而得到精神上的享受，在心理上产生情感的波澜。例如，游乐场五光十色的环境、活泼多样的形象、激烈明快的节奏，给人的感受是愉悦与欢畅的，这些都是人在特定的建筑环境中产生的心理情感反映，是在特定空间环境中表达出来的特定的情感表现。另外，在室内设计中，材料、色彩的运用都以传达情感为更高层次的设计要求。色彩既是传递信息的工具，也是美化环境以及情感交流的手段。法国画家让·巴蒂斯特·卡米耶·柯罗指出，你所用的一切色彩都要服从你的感情，没有感情的"色"，是激不起欣赏者的"情"的。

人的感情（来自生活的）各异，其作用于建筑的感情自然也各不相同。人人都有对包括建筑在内的外在事物的高级心理感受（包括伦理的、审美的），并由于生活、习俗的不同产生了差异性。建筑的形式千姿百态，人的感情也多种多样，所以建筑能表达的感情是复杂的，这里只能粗略讨论一些典型的感情形式。但这样一来，也许能进一步认识所谓的建筑文化，它的中心是一个"情"字。这个"情"是广义的，包括人情味、伦理作用下的人情、现代社会结构下的人情，以及否定感情的"无情"。在现代社会，人们对建筑环境所怀的感情显然是人对大自然的感情和人对人的感情，人们希望这两方面都能在建筑上得到反映，而不被由人自己创造出来的"现代物质文明"所"奴役"。这种需求既是精神的，也是物质的。

（二）情感的表达方式

室内设计语言与心灵的交流形式本身是一种运动的状态，一方面，随着空间感受者位置的不断变化，他所看到和感受到的东西是不断变化和运动着的；另一方面，空间感受者的心理状态随时发生改变。室内设计语言这种形式和其他的语言形式有着许多共同之处，它之所以能充当空间与人交流的介质，是因为它和其他语言一样，承载了人类情感和需要表达传递的信息。从这一层面来看，环境是刺激，人的心理活动则是反映。以运动发展的眼光看待该问题，就可以将室内设计语言的传达功能放在主导的地位。在设计中，以过程论的观点考虑所要设计的空间和所要应用到的空间语言，就会把二者看作一个整体来考虑，避免了室内设计语言自说自话的误区，从而使空间与人的交流具有可推理性、可操作性和可规划性。有了这样一个看待问题的角度，就会使空间语言与心灵的对话逐渐清晰起来，从而实现真正意义上的室内设计语言与人心灵的交流，并挖掘和发挥其所具有的社会使命。总的来说，室内设计情感的表达方式主要有三种，即诉说、倾听和共鸣。

第二节 室内设计的风格与流派

室内设计的风格和流派往往是和建筑、家具、绘画，甚至文学、音乐等的流派紧密结合、相互影响的。21世纪的多元化文化导致室内设计的风格与流派呈现变化纷繁的趋势，其类型划分还处在进一步的研究和探讨过程中。本节所论述的风格与流派的名称也不作为定论，仅作为学习与研究的参考，旨在对室内设计的分析与创作有所贡献。

一、室内设计的风格分析

（一）西洋古典风格

西洋古典风格是近年来室内设计中最流行的风格之一，包括古埃及风格、古希腊风格、古罗马风格、哥特式风格、文艺复兴风格、巴洛克风格、洛可可风格、新艺术运动风格、现代主义运动风格等。与其他风格相比，西洋古典风格较显豪华气派，在装修上容易显出效果，因而受到广泛的欢迎。西洋古典风格实际上继承了古典风格中的精华部分并予以提炼，其特点是强调古典风格的比例、尺寸及构图原理，对复杂的装饰予以简单化或抽象化。

1. 西洋古典风格中的古代风格

西洋古典风格受当时文化环境的影响很大，留存至今并让后世印象最为深刻的莫过于神庙建筑。下文笔者介绍西洋古典风格中的古代风格时，也将从神庙着手，对古埃及风格、古希腊风格，以及古罗马风格这三种古代风格进行分析。

（1）古埃及风格

古埃及人建造了举世闻名的金字塔、法老宫殿及神庙等建筑物，这些艺术精品虽经自然侵蚀和岁月洗礼，但仍然可以通过存世的文字资料和出土的遗迹依稀辨认出其当时的规模和室内装饰的基本情况。

在埃及吉萨的哈夫拉金字塔祭庙内有许多殿堂，其中最令人震撼的当属卡纳克阿蒙神庙的多柱厅。厅内分 16 行密集排列着 134 根巨大的石柱，柱子表面刻有象形文字、彩色浮雕和带状图案。柱顶上面架设 9.21 米长的大石横梁，重达 65 吨。大厅中央部分比两侧高，造成高低不同的两层天顶，利用高侧窗采光，透进的光线散落在柱子和地面上，各种雕刻彩绘在光影中若隐若现，与蓝色天花板上的金色星辰和鹰隼图案构成一种梦幻般神秘的空间气氛。柱厅内粗大的柱子与柱间狭窄的距离造成视线上的遮挡，使人觉得空间无穷无尽、变幻莫测，与后面明亮宽敞的大殿形成强烈的反差。这种收放、张弛、过渡与转换视觉手法的运用，体现了古埃及建筑师对宗教的理解和对心理学的巧妙应用。

（2）古希腊风格

古希腊人在建筑方面给人留下最深刻印象的莫过于神庙建筑。

古希腊神庙象征着神的"家"，神庙的功能单一，仅有仪典和象征作用。它的构造关系也较简单，一般只有一间或两间神堂。为了保护庙堂的墙面不被雨淋，在外增加一圈雨棚，其建筑样式变为周围柱廊的形式，所有的正立面和背立面均采用六柱式或八柱式，而两侧更多采用的是一排柱式。古希腊神庙常采用三种柱式：多立克柱式、爱奥尼柱式、科林斯柱式。

古希腊最著名的建筑当属雅典卫城帕特农神庙。人们通过外围回廊和两级台阶的前门廊，进入神堂后，又被正厅内正面和两侧立着的连排石柱围绕，柱子分上、下两层，尺寸因此大大缩小，把正中的雅典娜雕像衬托得格外高大。神庙主体分成两个大小不同的内部空间，以黄金比例 1：1.618 进行设计。它的正立面也正好适应长方形的黄金比，这不能不说是设计师追求和谐美的刻意之作。

（3）古罗马风格

古罗马在室内设计方面受古希腊美学的影响，突出表现为舒展、精致而富有装饰性。这些特征选择性地被运用到古罗马的建筑工程中，强调高度的组织性与技术性，进而完成了大规模的工程建设，如道路、桥梁、输水道等，还创造了巨大的室内空间。这些工程的完成主要归功于古罗马人对券、拱和穹顶的运用。

古罗马的代表性建筑很多，神庙就是其中常见的类型。在古罗马的共和时期至帝国时期，古罗马人先后建造了若干座神庙，其中最著名的当属万神庙。神庙的内部空间组织得十分得体。入口门廊由前面 8 根科林斯柱组成，使空间显得有深度。入口两侧有两个很深的壁龛，里面的两尊神像起到了进入大殿前的引导作用。圆形大厅的直径和从地面到穹顶的高度都是 43.5 米，这种等比的空间设计使人产生一种坚实的体量感和统一的协调感。穹顶的设计与施工也很考究。穹顶是分五层且逐层缩小的凹形格子，除具有装饰和丰富表面变化的视觉效果之外，还能起到减轻重量和加固的作用。阳光通过穹顶中央的圆形空洞照射进来，产生一种神圣的气氛。

2. 哥特式风格

哥特式风格建筑的特征主要表现在结构技术与艺术形式两个方面。

在结构技术方面，中世纪前期建筑所采用的拱券和穹顶过于笨重，导致浪费材料、开窗小、室内光线严重不足。而哥特式建筑的设计者从修建之初便开始探索摒除以往建筑构造缺点的可能性。

首先，设计者使用肋架券作为拱顶的承重构件，将十字筒形拱分解为"券"和"璞"两部分。券架在立柱顶上起承重作用，"践"又架在券上，重量由券传到柱再传到基础，这种框架式结构使"践"的厚度减到 20～30 cm，大大节约了材料，减轻了重量，同时增加了适合各种平面形状的肋架变化的可能性。其次，是尖券的使用。尖券为两个圆心划出的尖矢形，可以任意调整走券的角度，适应不同跨度的高点统一化。再次，尖券还可减小侧推力，使中厅与侧厅的高差拉开距离，从而获得了高侧窗变长，引进更多光线的可能性。最后，是飞券的使用。飞券立于大厅外侧，凌空越过侧廊上方。通过飞券，大厅拱顶的侧推力便直接经柱子转移到墙脚的基础上，墙体因压力减小便可自由开窗，促成了室内墙面虚实变化的多样性。

在艺术形式方面，高大深远的空间效果引发了人们对自由欢乐生活的向往；对称稳定的平面空间有利于人们祈祷时心态的平和；轻盈细长的十字尖拱和玲珑剔透的柱面造型使庞大笨重的建筑材料减轻了重量，具有腾升冲天的意味；大型的彩色玻璃图案，把教堂内部渲染得五彩缤纷、光彩夺目，给人以进入美好世界的遐想。

3. 文艺复兴风格

文艺复兴时期，建筑空间的功效、舒适和家具的使用范畴，都比中世纪有了显著的提高。古罗马的柱式、建筑形态和装饰，成为新创作的灵感来源。在室内设计上，文艺复兴并非对古罗马建筑的复制，而是在理解古罗马建筑的基础上进行大胆的创作。

文艺复兴早期的室内设计有一个典型的特征，就是将古罗马拱券（半圆拱券）落在柱顶带一小段檐部的柱式上面。这种做法在拜占庭建筑中已经出现，但并非古罗马风格建筑设计的常规做法，在文艺复兴早期却成为典型特征。

随着对古罗马建筑的深入理解，文艺复兴时期的建筑和室内呈现出更成熟自然的古罗马气质，室内大量运用古罗马建筑的语汇，壁柱、线脚、檐部特征都被引入室内设计的范畴用作装饰。另外，由于透视画法的进步，室内也常常采用绘画形式表现进深的空间感和立体感。室内的细木镶嵌和石膏装饰线脚工艺越来越精致，对当时不断发展的商人新贵而言，恰好可以满足其求新心理，是其显示身份的最佳手段。

晚期的文艺复兴走向了手法主义，在更自由的创造氛围中寻找突破传统的可能。米开朗琪罗就是文艺复兴时期最具代表性的艺术家，他的室内设计往往雕塑感很强，寻找活泼并具有冲突感的个性创造。

文艺复兴时期的设计师从古典建筑当中学会的最重要的设计原则，是严谨的比例所创造的和谐关系和美感。文艺复兴时期最具影响的建筑师帕拉迪奥就创造了创新古典的高雅内敛的审美情调，可以说是对古典主义更完整、成功的回应。

4. 巴洛克风格

"巴洛克"一词源于葡萄牙语"Barocco"，意为"畸形的珍珠"，这个名词最初出现时略带贬义色彩。巴洛克风格建筑的表现形式复杂，历来艺术界对它的评价褒贬不一，尽管如此，它仍造就了欧洲建筑和艺术水平的一个高峰。

意大利的罗马耶稣会教堂被认为是世界上第一个具有巴洛克风格的建筑。其正面的壁柱成对排列，在中厅外墙与侧廊外墙之间有一对大卷涡，中央入口处有双重山花，这些都被认为是巴洛克风格的典型手法。另一位意大利雕塑家兼建筑师乔凡尼·洛伦佐·贝尼尼设计的圣彼得大教堂穹顶下的巨型华盖，由四根旋转扭曲的青铜柱子支撑，具有强烈的动感，整个华盖上缀满藤蔓和人物图案，充满活力。

5. 洛可可风格

洛可可风格的出现稍晚于巴洛克风格，同巴洛克一样，洛可可（Rococo）一词最初也含有贬义。该词来源于法文，意指布置在宫廷花园中的人工假山或贝壳作品。

巴黎苏俾士府邸的椭圆形客厅是洛可可风格最重要的作品之一，由法国设计师博弗兰设计。客厅共有 8 个拱形门洞，其中 4 个为落地窗，3 个嵌着大镜子，只有 1 个是真正的门。室内没有柱的痕迹，墙面完全覆盖着由曲线花草组成的框，接近天花的银板绘满了描述普赛克故事的壁画。画面沿横向连接成波浪形，紧接着金色的涡卷雕饰和儿童嬉戏场面的高浮雕。室内空间没有明显的顶立面界线，曲线与曲面构成一个和谐柔美的整体，充满节奏与韵律。三面大镜子加强了空间的进深感，给人以安逸、迷醉的幻境效果。

中世纪后期的西班牙，建筑装饰艺术风格异常严谨和庄重。直到 18 世纪，受其他地区的巴洛克风格与洛可可风格的影响，才出现了西班牙文艺复兴以后的库里格拉斯科风格，这种风格追求色彩艳丽、雕饰烦琐、令人眼花缭乱的极端装饰效果。格拉纳达的拉卡图亚教堂圣器收藏室就是其典型代表。它的室内无论柱子还是墙面，无论拱券还是檐部，均被淹没于金碧辉煌的石膏花饰之中。过于繁复豪华的装饰和古怪奇特的结构，形成强烈的视觉冲击和神秘的气氛。

6. 新艺术运动风格

19 世纪晚期，欧洲社会相对稳定和繁荣。在工艺美术运动在设计领域产生广泛影响的同时，比利时布鲁塞尔和法国的一些地区开始了声势浩大的新艺术运动。法国和斯堪的纳维亚半岛国家出现了一个青年风格派，与此同时，在奥地利也形成了一个设计潮流的中心，即维也纳分离派。这两个派别可以看作新艺术运动的两个分支。新艺术运动认同对技艺美的追求，却不反对机器生产给艺术设计带来的变化。在欧美国家，新艺术运动对建筑艺术，以及绘画、雕刻、印刷、广告、首饰、服装和陶瓷等日常生活用品的设计产生了前所未有的影响，这种影响还波及了亚洲和南美洲。新艺术运动的许多设计理念持续到 20 世纪，为早期现代主义设计的形成奠定了理论基础。

7. 后现代主义风格

由于现代主义设计排斥装饰，大面积地使用玻璃幕墙，采用室内、外部光洁的四壁，这些理性的简洁造型使"国际式"建筑及其室内设计千篇一律，毫无新意。久而久之，人们对此感到枯燥、冷漠和厌烦。于是，20世纪60年代以后，一种新的设计风格——后现代主义应运而生，并受到广泛欢迎。

20世纪后期，世界进入了后工业社会和信息社会。工业化在造福人类的同时，也造成了环境污染、生态危机等矛盾与冲突。人们对这些矛盾的不同理解和反应，构成了设计文化中多元发展的基础。人们认识到建筑是一种复杂的现象，是不能用一两种标准，或者一两种形式来概括的，文明程度越高，这种复杂性越强，建筑所要传递的信息就越多。

（二）中国传统风格

中国建筑室内设计艺术的风格大致可以从以下几个方面进行解读：

1. 内外一体

从环境整体来看，中国传统风格的室内设计与室外自然环境相互交融，形成内外一体的设计手法，设计时常以可自由拆卸的隔扇门分界，有内向、封闭的特点，如城有城墙，宫有宫墙，园有园墙，院有院墙……以致有人把中国文化称为"墙文化"。但从另一个角度来看，这些墙内的建筑又是开放的，即几乎所有建筑都与其外的空间，如广场、街道、院落等有着密切的联系。

2. 严整的总体构图

中国传统风格的室内设计自古以来多为左右对称，以祖堂居中，大的家庭则采用几重四合院拼成前堂后寝的布置，即前半部居中为厅堂，是对外接应宾客的部分；后半部是内宅，为家人居住的部分。内宅以正房为上，是主人住的，室内多采用对称式的布局方式，一般进门后是堂屋，正中摆放佛像或家祖像，并放有供品，两侧贴有对联，八仙桌旁有太师椅，桌椅上雕有栩栩如生的花纹图案，风格古朴、浑厚。

3. 灵活的内部空间

中国传统建筑以木结构为主要结构体系，用梁、柱承重，门、窗、墙等仅起维护作用，有"墙倒屋不塌"之说。这种结构体系，为灵活组织内部空间提供了极大的方便，故中国传统建筑中多有互相渗透、彼此穿插、隔而不断的空间。例如，常按需要用屏风、帷幔或家具分隔室内空间。屏风是介于隔断及家具之间的一种活动自如的屏障，是很艺术化的一种装饰。有的屏风是用木雕成的，可以镶嵌珍宝珠饰；有的先做木骨，然后糊纸或绢等。

中国传统建筑的平面以"间"为单位，早在汉代，就有了"一堂二内"的形制。这种形制逐渐演变成了相对稳定的"一明两暗"的平面，并演化出多间单排的平面和十字形、曲尺形、凹槽形，以及工字形等平面。在这些以"间"为单位的平面中，厅、堂、室等空间可以占一间，也可以跨几间，在某些情况下，还可以在一间之内划分出几个室或几个虚空间，这就足以表明，中国传统建筑对空间的组织是非常灵活的。

4. 综合性的装饰陈设

中国传统的室内陈设包括字画、古玩等，种类丰富，无不彰显出我国悠久的文明史。中国传统的室内陈设善用多种艺术品，追求一种诗情画意的气氛，厅堂正面多悬横匾和堂幅，两侧有对联。堂中条案上以大量的工艺品为装饰，如盆景、瓷器、古玩等。

5. 实用性的装饰形式

在中国传统建筑中，装饰材料主要以木质材料为主，大量使用榫卯结构，有时还对木构件进行精美的艺术加工。许多构件既有结构功能，又有装饰意义。许多艺术加工都是在不损害结构功能甚至还能进一步显示功能的条件下实现的。以隔扇为例，隔扇本是空间分隔物，由于在格心裱糊绢、纱、纸张，因此格心就必须做得密一些。这本属功能需要，但匠人们却赋予格心以艺术性，于是出现了灯笼框、步步锦等多种好看的形式。再以雀替为例，雀替本是一个具有结构意义的构件，起着支撑梁枋、缩短跨距的作用，但外形往往被做成曲线，中间常加以雕刻或彩画等装饰，从而又有了良好的视觉效果。

6. 象征性的装饰手法

象征，是中国传统艺术中应用颇广的一种创作手法。《辞海》对"象征"的解释，就是通过某一特定的具体形象表现与之相似的或接近的概念、思想和情感。中国传统建筑的装修与装饰就常常使用直观的形象，表达抽象的感情，达到因物喻志、托物寄兴、感物兴怀的目的。

象征常用的手法有以下几种：

（1）形声

形声，即用谐音使物与音、义巧妙应和，如金玉（鱼）满堂、富贵（桂）平（瓶）安、连（莲）年有余（鱼）、喜（鹊）上眉（梅）梢等。在使用这种手法时，装饰图案是具象的，如"莲"和"鱼"暗含的则是"连年有余"的意思。

（2）形意

形意，即用形象表示延伸的而并非形象本身的意义，如用翠竹寓意"有节"，用松、鹤寓意长寿，用牡丹寓意富贵等。这种手法在中国传统艺术中颇为多见，如在绘画中常以梅、兰、竹、菊、松、柏等作为题材。何以如此？让我们先看一句咏竹诗："未出土时先有节，便凌云去也无心。"诗人将竹的"有节"这一生物特征与人品上的"气节"进行了异质同构的关联，用竹来赞颂"气节"和"虚心"的人格，并用来勉励他人和自勉。

（3）符号

符号，即使用大家认同的具有象征性的符号，如"双钱""如意头"等。中国传统建筑装修装饰的种种特征，是由中国的地理背景和文化背景决定的。它表现出浓厚的陆地色彩、农业色彩和儒家文化色彩，包含独特的文化特性和人文精神。

中国传统建筑室内设计与装修的上述特点，也是中国传统建筑室内设计与装修的优点，值得我们进一步发掘、学习和借鉴。

（三）日式古典风格

日本室内设计的传统风格非常明显地体现出日本人特有的思想观念、审美情趣和本土精神。日本人的自然观是亲近自然，把自己看作自然的一部分，追求的是人与自然的融合。日本人在审美方面强调心领神会，在艺术创作方面强调气氛和神韵。

日本的国土面积较小，所以国民有追求精致、重视细部的个性。而所有这一切，几乎全都清楚地表现在日本室内设计中。日本室内设计的传统风格整体气氛朴素、文雅，造型简洁，采用木质材料，注重室内陈设。

二、室内设计的流派分析

可以将艺术流派理解为在艺术发展长河中形成的派别，即在一定历史条件下，由于某些艺术家的社会思想、艺术造诣、艺术风格、创作方法相近或相似而形成的集合体。20世纪后，室内设计流派纷呈，这在很大程度上与建筑设计的流派相呼应，但也有一些流派是室内设计所独有的，下面将对这些流派逐一地进行研究和了解。

（一）国际派

国际派风格受建筑中的功能主义影响，并借鉴了机器美学理论。国际派室内设计的空间注重宽敞、通透、自由，不受承重墙的限制；室内围合界面及其装饰物都崇尚简洁和精致；室内装饰部件尽量采用标准部件，门窗尺寸根据模数制进行系统化设计，富有工业化时代的特点。

（二）光洁派

光洁派又称"极少主义派"，盛行于二十世纪六七十年代。其主要特点是利于构成抽象形体，空间轮廓明晰，要素具有雕塑感，功能上讲究实用，加工上讲究精细，没有多余的装饰，符合德国现代主义建筑大师密斯·凡·德·罗提出的"少就是多"的原则。由于缺少"人情味"，其影响范围很小，但直到今天仍能看到这类作品。

（三）高技派

高技派又称"重技派"。其特点是突出表现当代工业技术的成就，崇尚所谓的"机械美"或"工业美"。在高技派设计者们看来，真正把工业技术的先进性表现出来，自然也就取得了一种新的形式美。高技派的常用手法是使用高强钢材、硬铝和增强塑料等新型、轻质、高强材料，故意暴露管线和结构，提倡系统设计和参数设计，构成高效、灵活、拆装方便的体系。高技派还有一个分支叫作"粗野主义"派，这一派别多用混凝土结构，喜用庞大的体量和粗糙的表面，借以表现结构的合理性和可靠性。

（四）白色派

白色派因在室内设计中多用白色，并以白色构成基调而得名。白色环境朴实无华、纯净、文雅、明快，有利于衬托室内的人、物，有利于显示"外借"的景观，故在后现代的早期就开始流行了，直到今天仍为一些人所喜爱。白色派在欧洲更加流行，除室内设计外，还涉及汽车业和家具业。

（五）银色派

银色派又称"光亮派"，其室内设计风格追求光鲜、亮丽的视觉效果，极具戏剧化的室内气氛。为达到这样的效果和气氛，在装饰材料上，大量选择不锈钢、镜面玻璃、大理石等光滑、反光的材料；在灯光照明上，多用反射灯来映照装饰材料的光亮；在色彩配置上，喜用鲜艳的地毯和款式新颖、别致的家具及陈设艺术品。

（六）绿色派

绿色派的室内设计是随着人们环境保护意识的加强而诞生的，提倡回归自然，与自然和谐共存，人类与地球可持续发展。在可持续发展思想的指导下，按照被国际社会广泛承认的有利于保护生态环境、有利于人们的身体健康、有利于使用者精神愉悦的原则进行设计，室内"绿色设计"注重对阳光、通风等自然能源的利用，尽量减少能源、资源的消耗，考虑材料的再生利用。

（七）孟菲斯派

1981年，以意大利设计师索特萨斯为首的一批设计师们在米兰结成了"孟菲斯集团"，形成了室内设计的孟菲斯派。孟菲斯派的设计理念是让人们生活得更舒适、快乐。孟菲斯派的室内设计常用新型材料、新鲜色彩和创意图案来改造一些传世的经典家具；注重室内的视觉景观，常采用曲面和曲线构图，并通过涂饰空间界面来营造舞台布景般的效果。

（八）解构主义派

室内设计的解构主义派善于利用分解的理念，对传统的功能与形式进行打碎和重组，创造出意料之外的刺激和感受。结构主义派的显著特征是无中心、无场所、无约束的任意性，设计师们勇于打破一切既有的设计规则，推翻过去室内设计重视力学原理的横平竖直的稳定感和秩序感，反而运用各种元素的创意化重组，给人以灾难感、危险感、新鲜感和刺激感。

（九）听觉空间派

听觉空间派起源于 20 世纪 70 年代的日本，主要特点是把"视觉空间"升华为"听觉空间"的意境创造。听觉空间派的室内设计师们善于运用单纯的反复的直线、曲线或符号化图案营造出具有音乐意境的空间效果；其室内陈设也像音乐中的配器法一样有章法、有规律地进行组配，创造出有节奏的、有韵律的"听觉空间"。

（十）新古典主义派

新古典主义派的室内造型特点是追求一种典雅端庄的高贵感。新古典主义派的室内设计采用现代材料和加工技术对传统样式加以简化，只求大的轮廓造型上的神似；在室内陈设与装饰方面，往往照搬古代的物品来烘托一种历史感。

（十一）新地方主义派

新地方主义派也称"新方言派"，是一种强调地方民族特色、乡土民俗风格的室内设计流派。由于地方风格样式的地域化差异较大，此派风格没有固定的样式可循，设计师自由发挥的空间较大，以反映某地方的民族特色为主旨。设计师在设计室内作品时，往往因地制宜地采用材料，注意与当地的风土人情相融合，表现出该民族特有的风俗习惯。

（十二）超现实主义派

超现实主义派的室内设计刻意追求出人意料的室内空间效果和造型奇特的视觉感受。该流派的设计师们追求一种纯艺术化的室内设计，常常不惜成本来实现别出心裁的设计想法，多利用令人难以捉摸的空间形状、变幻莫测的灯光效果、造型奇特的陈设物品，力求在有限的实体空间内创造出无限的空间感受。

（十三）超级平面美术派

超级平面美术也被称作"印刷平面美术""环境平面美术"，该派的显著特点是利用印刷技术在室内墙面涂画出色彩强烈的图案，以创造出外景般的室内环境氛围。超级平面美术派的设计师们大胆地运用各种浓重的色块、丰富的色彩，并将色彩与室内照明巧妙地结合起来，营造光彩夺目的室内环境；室内界面的涂饰图案不受尺寸和构件的限制，常使用放大数倍的图案使旧的空间焕然一新。超级平面美术派的设计普遍应用在商店、车站、机场等场所的空间设计中。

第四章　室内空间设计艺术

第一节　室内空间的界定

一、空间设计

（一）空间设计的界定

空间设计是指房子装修完毕之后，利用那些易更换、易变动位置的饰物与家具，如窗帘、沙发套、靠垫、工艺台布及装饰工艺品、装饰铁艺等，对室内环境进行二度陈设与布置等。作为可移动的装修，家居饰品更能体现主人的品位，是营造家居氛围的点睛之笔，它打破了传统的装修行业界限，将工艺品、纺织品、收藏品、灯具、植物等进行重新组合，形成一种新的理念。

（二）空间设计的分类

空间设计包括商业展示设计、家居室内设计、商业店面设计。家居饰品可以根据居室空间的大小形状，以及主人的生活习惯、兴趣爱好和经济情况，从整体上综合策划装饰装修的设计方案，以体现出房屋主人的个性品位。

1. 灵动空间

灵动是不把空间作为一种消极静止的存在形式，而是寻找灵性，发挥可变、流动、新潮、靓丽的空间形式。为了满足不同使用功能的需要，常采用灵活多变的分隔形式，如折叠门、可开闭的隔断、影剧场中的升降舞台、活动墙面、天花板等。在某些需要隔音或保持一定小气候的空间，经常采用透明度大的隔断，以保持空间与周围环境的流通。

2. 稳固空间

稳固空间是一种经过深思熟虑的功能明确、位置固定的空间，因此，可以用固定不变的界面围隔而成。例如，目前居室设计中常将厨房、卫生间作为固定不变的空间，而其余空间可以按用户需要自由分隔。

3. 开敞空间和封闭空间

开敞空间是外向性的，限定度和私密性较小，其开敞的程度取决于界面的围合、开洞的大小等。开敞空间和封闭空间有程度上的区别，如介于两者之间的半开敞和半封闭空间。对它们的设计取决于房间的适用性质和周围环境的关系，还有视觉上和心理上的需要。开敞空间强调与周围环境的交流、渗透，与大自然空间的融合，可提供更多的室内外景观和扩大视野等。它经常作为室内外空间的过渡，有一定的流动性和趣味性。开敞空间在心理感受方面表现出开朗、活跃、愉悦的心理体验。封闭空间是静止、凝滞的，用限定性比较高的围护实体包围起来，视觉、听觉等相对封闭，有利于隔绝外来的各种干扰。封闭空间是内向、严肃、安静及沉闷的，对外界是具有拒绝性的，具有很强的领域感、安全感和私密性。

4. 虚拟空间和迷幻空间

虚拟空间是指在界定的空间内，通过界面的局部变化再次限定的空间。虚拟空间没有十分明显的隔离形态，也缺乏较强的限定性。虚拟空间可以借助各种隔断、家具、陈设、照明、绿化、结构构件升高或降低地面或天棚，或以不同材质、色彩的平面变化来限定空间，或依靠联想划定空间，产生"心理空间"。迷幻空间的特点是追求神秘、新奇、动荡、超现实的戏剧般的空间效果。迷幻空间利用室内镜面反映的虚像，把人们的视线带到镜面背后的虚幻空间去，产生空间扩大的视觉效果；有时还能通过几个镜面的折射，使原来平面的物件产生立体感；将物体紧靠镜面，还能把不完整的物件（如半圆桌）"复原"，造成完整的物件（圆桌）的假象。因此，室内特别狭小的空间，常利用镜面来扩大空间感，并利用镜面的反射装饰来丰富室内景观。

（三）空间分隔方法

1. 装修分隔空间

装修分隔空间通常是指落地罩、屏风式博古架隔断、活动折叠隔断、虚设的列柱和翼墙等，一般用于传统建筑，中间采用落地圆洞罩，设计成古色古香的风格；也可用于餐厅的雅座，采用折叠隔断，使餐厅的空间灵活多变，如把小空间变成宴会厅。

2. 软隔断分隔空间

所谓软隔断，就是指用上部带滑道的化纤织物制成的悬挂形式的柔性隔断，或用垂珠帘软塑料制成的折叠连接物。最简单的软隔断就是布帘，通常用于将较大的工作空间分隔成小单元。

3. 建筑陈设品、植物分隔空间

通过水池、花架、喷泉和植物等对室内空间进行划分，不但保持了大空间的完整性，又能使室内空间的功能有一定的区分，能使室内环境洋溢着自然的气息。这种设计经常用于宾馆、饭店、办公楼大堂的休闲区，水和植物增加了室内空间的活跃气氛。

4. 家具分隔空间

利用家具分隔空间是处理室内空间的常见形式。常用家具，如橱柜、桌椅，若处理得好，可以使小空间显得更大，也可以将大空间分成多个空间。例如，现代化的大空间办公室，常常是由若干个办公小空间组成的，但各空间之间要有明确的区域和主从关系，因此可以利用家具进行分隔。

5. 灯具分隔空间

利用灯具分隔空间是近年来兴起的分隔方式。通常，以主光灯照射的区域为公共活动区，以辅助光照射的区域为休闲区。灯具常常与家具陈设相配合。这种分隔方法也可用于将过长的空间划分为几个不同的区域，以减少空间的单调和空旷的感觉。

6. 挑台分隔空间

在公共建筑的室内空间，往往楼层面较高，特别是一层的进厅设计，常采用挑台将部分空间分隔成上下两个层次，既扩大了实际空间尺度，又丰富了视觉空间的造型效果。

7. 看台分隔空间

所谓"看台分隔"，多数应用于观演场所的大空间中。它是利用从墙面延伸出来的看台，把高大的单一空间分隔成有楼座看台的复合空间。大型的复合空间有三层看台，这就对室内的空间起到丰富和变化的作用，还能增加一定的趣味性。

8. 悬板分隔空间

悬板分隔空间是利用悬吊的天棚，设计悬板的大小，根据不同的功能，调整上下高度、凹陷曲折等。这种形式的目的不在于利用空间，而在于打破空间的单调感；也可用于展示空间，以加强展台的突出感。

9. 高低分隔空间

所谓"高低分隔"，就是将室内地面局部提高或降低，以此来暗示室内空间的不同区域。高低分隔空间常用于跳舞场的舞池、梯形教室等。

二、室内空间设计的六要素

室内设计是建筑内部空间的环境设计，根据空间的使用性质和所处环境，运用物质技术手段，创造出功能合理、舒适、美观、符合人的生理和心理要求的理想场所。功能、空间、界面、饰品、经济、文化为室内设计的六要素。

（一）功能

功能至上是装修设计的根本。住宅本来就和人的关系最为密切，如何满足每个不同用户的细节需求，是设计师与客户沟通的一个重要环节。我们常说，业主是第一设计师，一套缺少功能的设计方案只会给人华而不实的感觉，唯有把功能放在首位，才能满足每个不同用户的细节需求。

（二）空间

空间设计是运用界定的各种手法进行室内形态的塑造，塑造室内形态的主要依据是现代人的物质需求和精神需求，以及技术的合理性。常见的空间形态有：封闭空间、虚拟空间、灰空间、母子空间、下沉空间、地台空间等。

（三）界面

界面是建筑内部各表面造型、色彩、用料的选择和处理，包括墙面、顶面、地面以及相交部分的设计。设计师在设计一套方案时常会明确一个主题，就像一篇文章要有中心思想一样，使住宅建筑与室内装饰完美结合，鲜明的节奏、变幻的色彩、虚实的对比、点线面的和谐，设计师就像在谱写一曲令人百听不厌的乐章。

（四）饰品

饰品就是陈设物，是当建筑的室内设计完成功能、空间、界面整合后的点睛之笔，给居室带来烘托气氛、陶冶性情、增强生活气息的良好效果。

（五）经济

如何使业主用有限的投入获得物超所值的效果是每个设计师的职业准则。合理有机地设计各部分，使作品达到理想的设计效果是设计的至高境界。

（六）文化

充分表达并升华每个空间文化是设计的追求。每位业主的生活习惯、社会阅历、兴趣爱好、审美情趣都有所不同，家居的个性化也使其文化底蕴得以体现。

三、室内设计中的空间组合

（一）围合与分隔

围合是一种基本的空间分隔方式和限定方式。一说到围，总有内外之分，它至少要有多于一个方向的面才能成立；而分隔是将空间划分成几部分。有时围合与分隔的要素是相同的，围合要素本身可能就是分隔要素，或分隔要素组合在一起形成围合的感觉。这个时候，围合与分隔的界限就不那么明确了。

在室内空间，利用一些材料要素进行围合、分隔，可以形成一些小区域并使空间有层次感，既能满足业主使用要求，又给人以精神上的享受。比如，中国传统建筑中的"花罩""屏风"等就是典型的分隔形式，它们可以将一个空间分为书房、客厅以及卧室等几部分，既划分了区域也装饰了室内空间。又如，办公室中常用家具或隔断构件将大空间划分为若干小空间，每个小空间都有种围合感，创造了相对安静的工作区域；外侧则是交通区域和休息区域，使每个小空间之间既有联系又具有相对的区域性，很适合现代办公的空间要求和管理方式。

（二）覆盖

在自然空间中，只要有了覆盖就有了室内的感觉。四周围得再严密，如果没有顶的话，虽有向心感，但也不能算是室内空间；而一个茅草亭子，哪怕它再简陋破旧，也会给人室内的感觉，其主要原因就在于有了覆盖。

在自然空间中，有了覆盖就可以挡住阳光和雨雪，就使内外部空间有了质的区别，与在露天的感觉完全不同。在室内空间里再用覆盖的要素进行限定，可以使人产生许多心理感受。例如，空间较大时，人离屋顶距离远，感觉不那么明确，就在局部再加顶，进行再限定；在床的上部设幔帐或将某一部分顶的局部吊下来，使屋顶与人距离近些，尺度更加宜人，心理上也感觉亲切、惬意。有时，为了改变原来屋顶给人的感觉，也可以用不同的形式或材料重新设置覆盖物，改变整个环境的情调。在室内设覆盖物还可使人有种室外的感觉。例如，在一些大空间，特别是旅馆的中庭中，在人坐的部分用一个个装饰性垂吊物，如遮阳伞、灯饰或织物等，再加上周围的树木、花鸟、水体、光线等因素的衬托，使人感觉自己仿佛置身于大自然的怀抱中，这正符合在室内创造室外感觉的意图。因为人本来就与自然有种天然的难以割舍的亲切关系，在室内空间环境中，尽可能地使人有身处自然的感觉，是遵循了人性。因此，有时有意识地在室内空间设计中运用室外因素，能使人心情愉悦。

（三）抬起与下凹

在进行空间组合时，这种限定通过变化地面的高度差来达到限定空间的目的，使限定过的空间得到强调或与其他部分空间加以区分。对于在地面上运用下凹的手法来说，效果与低的围合相似，但更具安全感，受周围的干扰也较小。因为低的空间本身就不太引人注目，不会有众目睽睽之感，特别是在公共空间，人在下凹的空间中，心理上会比较自如和放松。有些家庭起居室也常把一部分地面降低，沿周边布置沙发，使家的亲切感更强。抬起与下凹相反，可使这一区域更加引人注目，像礼堂中的小舞台就是为了使位置更加突出，以引起人们的视觉注意。

在室内空间中，与在室外空间中不同的就是，这些手法不仅可在地面上做文章，也可以在墙面或顶棚上出现。只不过可能叫法不同，如称为"凹入""凸出"或"下吊"等。不过这些手法都有一定的尺寸上的限制，如"下吊"部分过大，人们可认为是"覆盖"；墙面上"凹入"或"凸出"部分过多，人们又可将其看作另一个空间；而如果"凹入"或"凸出"的尺寸过小，又可能被看成是肌理变化。当然这仅是相对而言的。

第二节　室内空间设计的视觉艺术

一、视觉艺术

视觉艺术是用一定的物质材料，塑造能够为人观看的直观艺术形象的造型艺术，包括影视、绘画、雕塑、建筑艺术、实用装饰艺术和工艺品等。造型手法多种多样，所表现出来的艺术形象既包括二维的平面绘画作品和三维的雕塑，也包括动态的影视艺术等视觉艺术形式。

视觉艺术与听觉艺术有所不同，它是看得见、摸得到的艺术，强调真实性。绘画艺术、雕塑艺术、服装艺术、摄影艺术都是传统的视觉艺术。影视艺术、动漫艺术、环境艺术，这三个视觉艺术的存在时间不是很长，但是却起到了很大的作用，影视艺术和动漫艺术属于综合艺术，它们既属于视觉艺术又属于听觉艺术。环境艺术是一个新兴学科，它在环境规划方面具有很大的作用，对人类的生活有很大的帮助，使城市的规划更加人性化，所以，环境艺术也是一种很好的视觉艺术形式。

视觉艺术的学习还包含对视觉文化的学习，分析和研究视觉世界中观念性的因素。以颜色为例，学习颜色不仅包括学习使用颜色的各种技术手段，还应包括更广阔、更深入、更复杂的内容，如理解各种颜色的象征意义，学习各种颜色引起的情感反应，全面认识在不同的历史阶段和不同的文化中，关于颜色使用的各种微妙问题。

从人类文化开始到现在，人类通过自身创造的视觉形象来传达信息，这一直是人与人之间相互交流的基本手段。这些视觉形象在今天被我们称为"视觉艺术"。它们对人类历史文化的传承和人们的精神生活都有着深远的影响。

视觉艺术作为一种传达信息的"语言"，与我们平常使用的口头语言和书面文字一样有其自身的结构与规则。如果我们想通过自己的眼睛去理解和领会视觉艺术所传达的信息与意味，就必须能够在一定程度上认识和感受视觉形象语言，就像我们打算通过英语来阅读和写作，就必须懂得英语的词汇和语法关系一样。

二、视觉文化的美学特征

有学者从虚拟技术的角度研究了视觉文化的美学意味，指出虚拟图像具有同步性甚至超前性。虚拟图像拥有自己的时间与空间，虚拟图像使得机械复制时代所形成的原本与摹本的关系发生了一定的变化，两者之间不再是单向的决定与被决定的关系，而是一种双向互动的关系。还有学者提出，视觉文化的审美特性主要呈现为图像本身生成意义，追求展示效应，指向作为感性主体的身体以及消遣的大众。与此同时，也有学者关注到视觉文化对传统审美方式的消解，认为随着视觉文化取代传统文化成为大众最普遍的审美娱乐形式，人类的审美方式也发生了变化。视觉文化的物质技术根基与传播应用形式在制造视像产品、传播"虚拟现实"、消解"审美距离",以及解构人的主体性和想象力的过程中,逐步消解了静观这种传统的审美方式,构建起"消遣"这种现代的娱乐方式。由此,人类由静观的审美时代进入了消遣的娱乐时代。

有学者则重点集中研究了一种视觉文化的特性——刺激性,认为刺激性是大众文化不可缺少的一部分,尤其是在影像工业的生产当中更是这样。它为生产者带来了流行趋势,也带来了一定的商业利益。人们夸大了图像的功能,追求感性刺激的意识形态逐渐膨胀。因此,我们似乎更有理由将时代的经济称为"刺激性经济",因为刺激性乃是注意力的基础,也能更好地体现时代的感性特征。

三、视觉语言

视觉语言主要以特定的图形样式来表述人的情感世界,以特定的形象——具象或抽象等形象元素作为媒介,通过非固化的外部形式组织来呈现作者内在广阔的情感精神,以个人的体验和生活经历的积累作为认知条件,达到认识图形、组织语言,以及传递视觉信息的目的。而且,这种对于图形的认识,又能够伴随着每个人不同的生活境遇与情感感受而形成不同的认识理解。所以,视觉语言具有随情性、多变性,以及个性化表露的语言趋向,这也是其语言价值最终转向对审美性、艺术性和文化性的探求的问题所在。

视觉语言是形象化的艺术创造活动,是建立在图形元素基础上的语言构成方式,是情感化个性展现的主要形式之一,是将自然形象进行概括提炼,使其上升为理性认识的高度而形成的抽象化、概念化的符号。视觉语言以逻辑秩序的编织来进行人类情感和精神的交流,组织符合人类思想的表述。一棵树在早、中、晚不同光线的照射下,在天晴、大雾、阴雨天气的自然变化下,在四季更新的过程中,都给我们留下了不同的视觉印象;狂风暴雨、电闪雷鸣、洪水干旱、山崩地裂等自然造就的一切现象,给我们带来情感的震撼,在我们的心灵深处留下不同程度的视觉印象。这些印象成为我们感觉经验的认识条件,最终服务于我们的视觉语言,使图形按照视觉语言的要求,成为人类用以寄情、达意、表现人类内心世界以及情感境界的精神寄托。

四、室内空间设计与视觉艺术的关系

（一）墙面的视觉艺术

墙面是占空间面积最大的界面，就好像设计师创作灵感挥洒的画布一般。空白的墙面具有非常高的可塑性，能够让设计师们大放异彩。墙壁不同的形式，不同的材质，不同的颜色，不同的造型，不同的点、线、面等都能够塑造出不同的画面与视觉感受。

（二）顶棚的视觉艺术

顶棚是界定空间的三界面之一，作为室内设计的重要构成部分，顶棚对于建筑内部空间的塑造与空间精神品质的提升具有不可忽视的作用，这在中国古代藻井艺术以及西方经典顶棚设计作品中都有非常充分的体现。顶棚能够做成很多的造型，很多设计师都可以大胆地在公共空间做出诸多有魅力的设计。顶棚的设计中还有一个不可缺少的要素，那就是灯。

（三）地面视觉艺术

1.地面形态的视觉语言

地面与人眼睛的距离最近、接触时间最长，和人的行为密切相关。室内地面的设计包含技术与艺术的综合内容。作为支撑空间的主要部分，地面的造型形式通常会十分直观地创造出丰富的空间形态，并且可以满足一定的功能需求。

2.地面装饰材料的视觉语言

不管是以往经常用到的木、石等材料，还是当今的人工合成材料，不同材质所表达的视觉语言也有所不同。在满足了使用功能的前提之下，室内设计要进一步满足形式美与艺术美的要求。现代常见的用于室内地面设计的材料主要包括木材、橡胶、塑料、石材、玻璃、瓷砖、涂料等。其中，木材作为装饰材料，与人的关系是最亲切的，其视觉和触觉都十分温和。玻璃虽然拥有光滑的外表，却给人以寒冷的感觉。

3. 地面灯光与色彩的视觉语言

（1）营造艺术氛围

灯光与色彩的不同通常会受到室内性质的影响。材料对光照不同的折射率，能够渲染和塑造出不同的室内环境氛围；还能够通过灯光的色彩变化来调整空间的温度感、空间感以及立体感。

（2）提高导向性

灯光与色彩作为地面装饰中的设计"音符"，存在一定的引导作用。

4. 地面图案与尺寸的视觉语言

地面可以通过装饰相应的图案来增添美感，同时能够给空间提供一个视觉中心，每一种装饰地面的图案都能够影响到人们在理性与美学上的感受。除此之外，地面可以通过铺装设计成为室内空间中的主导元素。

（1）抽象的地面图案

抽象图案的设计一般采用无条理性的方式，它通常会带有一定的随意性、灵活性、活泼性与创新性。

（2）导向性地面图案

功能多样化是现代室内设计中一个显著的特点，地面铺装也同样如此。地面样式中的任何连续性元素都可以成为主导，并且，具有方向性的铺设样式经常能够影响地面的视觉比例关系，能够加大或缩减某一方向的尺寸感。

（四）色彩在室内空间的六个界面中的视觉艺术

1. 调节空间感

运用色彩的物理效应可以改变室内空间的面积或体积的视觉感，改善空间实体尺寸存在的不足。比如，如果一个狭长空间的顶棚使用强烈的暖色调，两边墙体采用明亮的冷色调，就可以很好地改善这种狭长的感觉。

2. 体现个性

色彩的选择能够体现出一个人的个性。一般来讲，性格开朗、热情的人，通常会选择暖色调；性格内向、平静的人，通常会喜欢冷色调。喜欢浅色调的人多半直率开朗；喜欢暗色调、灰色调的人多半深沉含蓄。

3. 调节心理

色彩是一种信息刺激，过多高纯度的色相对比，容易使人感到烦躁；而过少的色彩对比，会使人感到空虚、无聊，过于冷清。所以，室内色彩要根据使用者的性格、年龄、性别、文化程度和社会阅历等，设计出适合的色彩，才能够满足使用者视觉和精神上的需求；同时，还要根据各个房间的使用功能进行合理配色，以调整人心理上的平衡。

第三节　室内空间的组织与调节

一、室内空间的组织方式

室内空间的组织方式就是指若干独立空间是以什么方式联系在一起的。采取什么空间组织方式，要根据各独立空间的特点和功能使用要求确定。要处理好各独立空间之间的关系，按照功能联系把所有的空间有机地组合在一起，形成一个完整的室内空间体系。事实上，由于功能的多样性和复杂性，大多数室内空间都以某一种类型为主，综合采用多种类型的空间组织方式。一般我们可以将空间的组织方式归纳为以下几种：

（一）各独立空间围绕着楼梯来布置的方式

这种以垂直交通连接各独立空间的方式，又被称为单元式。这种空间组织形式具有规模小、平面集中紧凑和各独立空间互不干扰等优点。这种形式适用于普通住宅、幼儿园等人流活动简单而又必须保证安静的空间。

（二）以大厅直接连接各独立空间的方式

这是一种通过专供人流集散和交通用的大厅将各独立空间连接成一体的方式。这种组织方式形成以大厅为整个空间的交通联系中枢，可将人流分散到各独立空间中,同时又可将各独立空间中的人流汇集于此。大厅承担着人流分散和交通联系的任务,减轻了人流对使用空间的干扰。这种方式适用于展览馆、图书馆、火车站等人流比较集中的空间。

(三)各独立空间直接连通的方式

这是一种将各独立空间和交通联系空间融合起来,使各独立空间直接衔接在一起而形成的整体的空间组织方式。它不存在专供交通联系用的空间,因而无需先穿过一个使用空间就能进入另一个使用空间。这种组合没有明显的走道,节约了交通面积,提高了使用效率,但各使用空间容易相互干扰。根据人流活动的不同特点,这种方式又可分为串联式、大空间灵活分隔式、柱网分隔式三种不同的组织形式。

(四)大小空间从属分布的方式

这种方式以体量巨大的主体空间为中心,小的附属或辅助空间从属于它,环绕着它的四周布置。主体空间突出、主从关系分明是这种空间组织方式的特点。另外,由于辅助空间都直接地依附于主体空间,因此与主体空间的关系极为紧密。商场、电影院、剧院、体育馆都适合采用这种空间组织形式。

二、空间设计调节

(一)实质性调节

实质性调节是指通过改造建筑实体的空间界面与构件,让其接近理想的空间形态,进而为装修创造良好的基础条件。其方法主要包括隔断、改变界面与构件调节。

1. 隔断

隔断就是利用各种形式的实体构件,根据理想的空间规划,把失衡的室内空间分隔成几个部分,改变原有的不合理状态,使之能够尽量符合生活起居的需要。这种手段主要用于调节太过狭长的室内空间,如狭长的卧室等。对于失衡的室内空间，我们可以使用多种多样的隔断形式来进行处理，如在原来不适宜的空间中增添隔断，重新调整门的位置，使之成为学习与休息的两个功能空间，使空间得到更有效的利用。从空间造型、空间性质、行为方式等方面，隔断都能够取得非常好的效果。

2. 改变界面

改变界面的方法主要包括改变侧界面、底界面以及顶界面，重新组合它们之间的关系，最后达成调节空间形态的目的。改变界面说到底就是室内空间界面的再设计与再造型，只是要在其中注入空间调节的内容。它既能够调节狭长空间，也可以调节过高或过低的空间，使界面产生变化，形成令人舒适的空间。利用诸多手段来改善不良的空间形态，是室内设计师能力的最佳体现。

3. 构件调节

构件调节就是利用依附在建筑实体上的固定构件，对空间进行控制，使之起到充实空间、扩大空间与缩小空间的调节作用。比如，可以通过建筑的梁、柱、楼梯、花格、灯具等来修饰、完善空间结构。

（二）非实质性调节

这种调节不改变建筑物的主体结构，仅利用界面颜色、图案、材质、灯光等辅助手段，调节室内环境的空间感。

1. 色彩调节

通过对色彩明度、彩度、对比度进行优化调节，设计个性化的空间，满足不同空间对色彩差异化的不同需求。

色彩对于室内空间感的调节具有十分重要的作用。空间的形态对于色彩效果也具有一定的影响。明亮的色调能够使室内空间具有比较开敞、空旷的感觉，使人的心情开朗；暗色调可以使室内空间显得较为紧凑、神秘；明亮而且鲜艳的色调可以使室内环境显得活泼，富有动感；冷灰、较暗的色调会使室内气氛显得严肃、冷漠。一般为了扩大小空间的空间感，应当使用高明度、低彩度的色彩。为了改变大空间的空旷感，可以使用低明度、偏暖色调的色彩。形态变化较大的空间，一般使用较单一的色彩；形态比较单一的空间，可用色彩对比来表示空间的变化。大空间中单一色彩会显得空间单调，小空间中过多的色彩变化会显得凌乱。扁平的空间使用高明度、低彩度的色彩会强化扁平的感觉，而使用低明度、较高彩度的色彩会淡化这种感觉。高而窄的空间使用低明度、较高彩度的色彩会加强高耸的感觉，而使用高明度的色彩会淡化这种感觉。顶面用深色会使人感觉空间降低，顶面用浅色会使人感觉空间增高。圆形空间中的界面不宜有明显的色彩变化，否则会产生界面断开的感觉。大空间中划分小空间，其公共部分的色彩应保持统一，小空间的色彩可以变化。空间中有较多物体时，其界面色彩变化应小。

2. 造型、图案调节

通过对界面（墙面、地面、顶面）的图案进行设计，利用图案对人视觉的影响，改变空间的空旷感、局促感和呆滞感。"形"是创造良好的视觉效果和空间形象的重要媒介，通常分为点、线、面、体四种基本形式。

图案本身有明暗、冷暖、大小等之别，可根据这些特点，来改变不同空间感觉。例如，大而强烈的图案有向前逼近或给人一定压力之感，细腻而微小的图案则有远退和轻飘之感。大尺寸的花饰使人感觉空间缩小，小尺寸的花饰使人感觉空间增大。大而强烈的图案如果应用于较大空间的居室中相互面对的两面墙壁上，将产生空间的狭窄感；相反，如果要用细小而明亮的图案时，则会使面对着的两面墙壁形成宽阔的空间感。对于门窗，我们可通过装饰图案的花型大小，来调整门窗比例的视觉效果。例如，在小窗户上采用小花型图案的窗帘，这样就能显示出窗户的敞亮和宽广。对于过分白的墙面，装饰图案应以与周围的空白墙面产生相得益彰的视觉效果，以及使人有室内空气畅通的心理感觉为宜。房间中装饰图案的花型与房间的大小应成正比，即小的房间宜用小花型的图案，大房间宜用大花型的图案，以保持正常的视觉空间。除此之外，也可打破上述一般规律，如在一些小房间的局部地方，图案的应用可大小穿插，以调节室内的气氛。

3. 材质调节

材质调节，即利用材质给人们的基本感觉来进行调节，包括材料本身的结构表现和加工处理以及人对材料的感知。不同材质的表面属性可以改变空间感，如用透明玻璃制造的家具可使空间显得开阔；在沙发前铺一块羊毛地毯，可缓解大理石地面给空间造成的生硬感和冰冷感。石材、面砖、玻璃给人的感觉较冷，木材、织物较有亲切感。

4.灯光调节

光照是人视线、物体形状、空间、色彩的生活的需要，而且是环境必不可少的物质条件。光线可以构成空间，又能改变空间；既能美化空间，也能破坏空间。用照明方式调节空间感的做法十分普遍，这种调节形式的灵活性强。例如，在多级吊顶中设置多层灯带，可加强多级吊顶的立体感。不同的光照不仅照亮了各种空间，而且能营造不同的空间意境和气氛。同样的空间，如果采用不同的照明方式、不同的灯具位置和光照角度、不同的灯具造型、不同的光照强度和色彩，可以获得各种各样的视觉空间效果，如有时明亮宽敞，有时晦暗压抑，有时温馨舒适，有时令人烦躁等，光照的效果可谓变幻莫测。

5.错觉调节

错觉调节，即利用人视线上的错觉调节空间感，主要可利用镜面玻璃或层次分明的大型壁画，来扩大空间、拓宽视野。利用镜子调节空间，可在一个实的空间里面制造出一个虚的空间，而虚的空间在视觉上却是实的空间。在室内装修装饰设计中使用图案或壁画等，会影响人们对空间高低、大小的估计，让其产生错觉。小房间可能会使人产生压抑感，运用简单大方的小花壁纸或者带有纹路的壁纸来装饰房间，可以降低压抑感，造成房间扩大的错觉，这样就发挥了调节空间的作用。同样，运用大的图案也会让人产生空间空旷的错觉，因而住房或办公场所往往会在房间里装饰大的壁画来增添空间的空旷感并使其显得有层次，同时，美观的壁画也会让人心旷神怡。狭小的过道里运用外廊的壁画，会让人产生过道开阔的错觉。

第四节　室内空间设计的方法

一、现代室内空间设计的基本观点

（一）以满足人和人际活动的需要为核心

为人服务，是室内设计社会功能的基石。室内空间设计的主要目的是通过创造室内空间环境为人服务。设计者应该始终把人对室内环境的要求，包括物质使用和精神两方面，放在设计的首位。由于设计过程中的矛盾错综复杂，问题千奇百怪，设计者需要清醒地认识到设计要以人为本，确保人们的安全和身心健康，满足人的需要。

现代室内设计需要满足人们的生理、心理等要求，需要综合地处理人与环境、人际交往等多项关系，需要在为人服务的前提下，综合满足使用功能、经济效益、舒适美观、环境氛围等种种要求。在设计及实施的过程中还会涉及材料、设备、定额法规，以及与施工管理部门的协调等诸多问题。可以认为现代室内设计是一项综合性极强的系统工程，但是现代室内设计的出发点和归宿只能是为人服务。

从为人服务这一"功能的基石"出发，需要设计者细致入微、设身处地地为人们创造美好的室内环境。因此，现代室内设计特别重视人体工程、环境心理学、审美心理学等方面的研究，以便科学、深入地了解人们的生理特点、行为心理和视觉感受等方面对室内环境的设计要求。

针对不同的人、不同的使用对象，应该考虑不同的要求。例如，幼儿园室内的窗台，考虑到适应幼儿的身高，窗台高度常由通常的 900～1000 cm 降至

450 ～ 550 cm，楼梯踏步的高度也在 12 cm 左右，并分别设置适应儿童和成人尺寸的两挡扶手；一些公共建筑顾及残疾人的通行和活动，在室内外高差、垂直交通、厕所盥洗等许多方面应做无障碍设计；近年来地下空间的疏散设计，如上海的地铁站，考虑到老年人和活动反应较迟缓的人们的安全，疏散时间的计算公式中，采取了为这些人安全疏散多留 1 分钟的疏散时间余地。上面的三个例子，着重从儿童、老年人、残疾人等特殊人群的行为生理的特点来考虑设计方案。

在室内空间的组织、色彩和照明的选用及室内环境氛围的烘托等方面，更需要研究人的行为心理、视觉感受方面的要求。我们应该充分运用现实可行的物质技术手段和相应的经济条件，满足人和人际活动所需的室内人工环境。

（二）加强对环境整体性的考虑

现代室内设计的立意、构思，室内风格和环境氛围的创造，需要着眼于对环境整体性的考虑。现代室内空间设计，从整体观念上来理解，应该被看作环境设计系列中的一环。

室内设计的"里"与室外环境的"外"，可以说是一对相辅相成、辩证统一的矛盾。正是为了更深入地做好室内设计，才愈加需要对环境整体性有足够的了解和分析，着手于室内，但着眼于室外。设计者应从整体上分析环境与室内设计的关系，并不断进行创新。

二、室内空间设计的原则

（一）人的理念

室内空间设计的服务对象最终是"使用者"，也就是使用室内空间的人，这就决定了室内空间设计必须要遵循"以人为本"的原则，以满足人的使用需要、心理满足感、舒适感为主。室内设计是否真正能够满足人的精神需求，对使用者的行为、意志、情感等都有影响，设计者需要综合使用各种设计构成手法，优中选优，选择最佳的设计效果去满足"人"的需求，以达成预期的设计效果。

（二）空间与结构

室内空间设计应该服从空间功能的需求。在进行室内空间设计的时候，应该根据空间的结构、空间的使用功能需求，确定空间设计的色调、平面以及立体层次感等，以保障空间设计符合使用者的需要。

（三）形式与个性

室内空间设计中的形式美和个性美是高质量设计能力和水平的体现。在室内空间设计的过程中，要突出形式美，把空间结构的表现形式与使用者的个性需求融合到一起，实现形式美与个性美的完美结合。

三、构成的基本手法与形式

（一）平面构成的基本手法与形式

平面构成主要是探求在二次元的空间范围当中，怎样按照形式美、表现美的规律进行组合、分解、再组合，以实现构造最完美、最理想的形态的目标，是室内空间设计中最常使用的设计造型活动之一。平面构成的基本形式主要包括渐变、近似、发射、重复、特异、密集、肌理、对比、分割，以及平衡等诸多类型。

（二）立体构成的基本手法与形式

在三维空间范围内，如果使用平面构成方式进行设计，就会很难达到立体化的效果。为了强化室内空间设计的立体感，采取立体构成设计就成为一种趋势。立体构成可以满足室内空间设计的个性美和形式美的需求。立体构成的形式主要包括半立体构成、面立体构成、线立体构成，以及块立体构成四种形式。立体构成手法的使用应该着重考虑点、线、面以及体积四个要素的影响。立体构成基本手法主要涉及平衡、对比、对称、调和、韵律、重复、变异以及韵律等多个方面。

（三）色彩构成的基本手法与形式

色彩构成是格局个体对色彩的心理、视觉效应，根据一定的规律组合而搭建的色彩要素之间的相互关系。色彩与立体构成、平面构成共同组合成一个较为完整的构成体系。一般情况下，色彩构成需要遵循色相推移、明度推移、纯度推移的规律。经常会用到的色彩构成的基本手法包括：色彩对比（如色相对比、纯度对比、面积对比、明度对比、冷暖对比等），色彩调和（如类似色调和、无彩色调和、类似色调和、主色调调和以及互补色调和等）。优秀的室内空间设计，必须要合理选择色调搭配方案，要能够突出不同色调之间的对比与调和的效果，给人以视觉上的冲击，最大限度地满足使用者的心理需求。

四、室内空间设计的策略

（一）利用空间形态营造主题氛围

由各个界面共同建构而成的室内空间，其形状特征通常会使活动于其中的人产生不同的心理感受。空间的性格就是空间环境在人的生理与心理上的人格化，不同空间形态的比例变化、大小变化，以及观察者位置的变化能够给人们带来不同的感受。空间形态一旦与设计师的主题创意相融合，就能够产生巨大的视觉冲击力。

例如，可以通过调节层高来营造一种空旷的神秘感，而降低层高则可以带来平和、亲切之感；利用球面空间较强的向心力，空间张力，来营造聚合、完整的心理感受；利用弧面空间、波浪空间、卵形空间来构造较为随意、轻松、活泼、流动、自然而极富幻想与浪漫气息的氛围；利用矩形空间规整、充满理性的特点，营造出一种舒适而又和谐的主题氛围；运用多边形、圆形空间富有活力的特点，增加空间的动感，营造出丰富多变的主题氛围；也可以运用建筑空间的结构形式与设计主题融为一体，如利用梁、墙体、管道等结构形式，建构出一种空间的构造关系。通过形象结构的重复，能够将不同的要素统一起来，创设出和谐的主题气氛。由空间结构所带来的视觉效果具有强烈的感染力。可利用当地特有的地域形态作为设计手法，如南越文王墓等；利用自然仿真形态作为设计手法，如鸟巢等；利用民族独有的象征符号作为设计手法，如中国结等；还可以利用与主题相关的任何一种抽象或具象的形态来营造人们需要的任意一种主题氛围。

（二）室内空间形态复合化、多元化

人们对于室内设计理念突出非理性因素的作用，重视发挥人的主观感受。室内环境的布置一般会比较注重有序与无序的统一，空间构成元素的形式感更加有机、自由。室内空间早就已经摆脱了横平竖直的无机世界印象，变得更加灵活、流动，空间的界面柔化，有的时候甚至会很难确定空间形态，室内空间呈现出多层次、多视角、大信息量，以及高情感的效果。同室内空间复合化的特征相对应，当今室内设计者们创造了很多十分新颖的手法。

实体元素的造型线条简练而流畅，注重活跃元素的运用，大量采取变形、扭转、夸张、重组、断裂等手法，效果独特而又强烈。室内空间多倾向多界面、嵌套、曲折、多变，强调"时间"这一四维因素，使空间的整体体验必须通过多视点的审美观察才可以获得，注重"过程"甚于"目的"。空间划分大多会使用活动性构件，而且同家具陈设进行有机结合；大面积背景界面的设计除了特定构思或者着重强调部位以外，还趋向简洁、淡雅、明快、少处理，这些手法都能够充分反映"未完成设计"的创作观念。西方一些学者认为，过度设计的空间很容易给人一种"完成了"的感觉，再也不能容纳任何东西，缺乏变通和发展的机会。而"未完成空间"则会留下一定的空白，它比较尊重使用者的意愿，为使用者提供参与设计的机会，给人以"主人翁"的控制感和自信心，有利于实现个性化，同时也顺应了现代社会周期短、节奏快的时代特征，为空间的弹性化、多用途留余地。

（三）运用光与色彩拓宽视觉空间

在室内空间的伸展性设计当中，光与色彩扮演着非常重要的角色。在所有的室内空间的伸展性设计的方法当中，光与色彩在一定程度上是伸展空间最方便、经济、有力的方法。色彩理论认为，色彩能够让空间在视觉上扩大或缩小，给人以前进或后退的感觉。一般来说，暖色、亮色与纯度比较高的色彩具有一定的前进感，能够使空间看起来比实际距离近一些；冷色、暗色和纯度低的色

彩具有后退感，可以使空间看起来较实际距离远一些；暖色、亮色和纯度高的色彩通常会给人以膨胀的感觉，空间感觉比实际尺寸小；冷色、暗色和纯度低的色彩会给人以收缩的感觉，空间感觉比实际尺寸大。明度高、纯度高的色彩会让人感觉轻快、愉悦；明度低、纯度低的色彩会让人感觉比较沉重。比如，若想改善房间狭长的感觉，就可以在较长的墙面上刷上冷色，使墙面产生后退的感觉；在较短的墙面上刷上暖色，使墙面产生前进的感觉。如果房间顶棚过低，让人感到压抑，就可以在顶棚上刷上亮色或纯度高的色彩；如果房间顶棚太高，让人感到太过空旷，则可以把顶棚刷上暗色或纯度低的色彩。

光对于空间的伸展性设计非常重要。室内空间能否给人宽敞的感觉，与光的亮度、照明方式等有很大关系。亮的房间会让人感觉大一点，暗的房间则会给人空间较小的感觉。直接光能有效加强物体的明暗对比，增强物体的立体感，我们可以使用直接光照亮希望引起人们注意的地方，以削弱不希望被人注意的地方。漫射光可以加强空间的深度感。

运用光线强弱的变化与光影的变化，能够形成立体交错的光线效果，通过这种效果能够有效地划分空间，增加空间的透视感。比如，酒店走廊的墙壁可以采用强烈的灯光，通过一盏盏射灯的照射，把墙面划分为不同的区域，进而缓解走廊狭长的空间感。反光灯槽的色彩可以前卫一些，如使用神秘的蓝色灯光，创造梦幻般的感觉，不但能够改善封闭的空间效果，更能使整个走廊呈现出通透的感觉。光可以被看作无形的隔断，利用光线的强弱、色彩的变化，可以划分不同的空间区域，实现空间功能的划分和转换。比如，在家居设计中，我们以书桌为中心安排学习功能区，那么书桌上的台灯会形成一个光照中心。

第五章 室内照明设计艺术

第一节 室内照明设计的基础

光是人们生活中不可或缺的一部分，室内照明设计就是让光科学、合理并艺术化地融入人们生活、工作的场所，构建和谐、轻松、多元化的光环境空间，从而加强人与空间的交流，使人与空间的关系更为密切。

室内照明设计的目的在于让人正确识别空间内的对象和确切了解所处环境的状况，通过对空间内光照强度（简称照度）、亮度、眩光、色温、阴影及照明的稳定性等的设计与控制，营造一种实用、安全、经济、美观、环保的室内空间环境。

一、室内照明设计的目的

（一）满足人的视觉需求

不同年龄的人对光的亮度有不同的需求，通常年龄越大的人所需要的亮度越高。另外，在不同的场合，人们对亮度的要求也不同，如咖啡厅、酒吧等娱乐场所通过低亮度营造悠闲、愉悦的环境氛围，满足人们放松心情的需求；办公空间要求高亮度以满足人们的正常工作需求等。因此，好的灯光设计应充分考虑人的各种需求，为其提供一个高质量的视觉环境空间。

（二）营造合适的空间氛围

由于人对特定空间有一定的客观印象，因此，我们可以用灯光来表达空间用途，不同性质的空间需要营造不同的氛围，如娱乐场所的照明应体现动感、绚丽的轻松气氛；餐厅的照明应营造干净、舒适的用餐环境。

（三）界定空间的范围

利用灯光可以让人感知室内空间的边界，并对空间的范围加以界定。例如，商店内的连续空间，可以运用不同的灯光分布或不同造型的灯具加以分割，使连续空间有比较明确的界定。

（四）强调空间的主次关系

在大型或连续空间中，可运用灯光明、暗的巧妙分布，让空间有明显的主从关系，使空间因光线的切割而变得区域分明、层次丰富。

二、室内照明设计的要求

室内照明设计应全面考虑并恰当处理照度、亮度、眩光、色温、阴影、照明的稳定性等各项照明质量指标。每项指标的具体要求如下：

（一）合理的照度

照度决定受照物的明亮程度，因此，照度是衡量照明质量的最基本的技术指标之一。

1. 照度水平要合理

照度与人的视功能有直接的关系，当空间照度低时，人的视功能会降低；当照度提高时，人的视功能也随之提高。人们从事不同工作或进行不同活动时，需要不同的照度来满足各类视觉需求。例如，在视觉工作要求严格的场所，要提高照度；在作业精度或速度无关紧要的场所，可适当降低照度。

此外，不同的照度还会让人产生不同的心理感受，如照度过低容易造成视觉疲劳，导致精神不振，而照度过高往往会因刺激太强而诱发人的紧张情绪。因此，空间照度既要保证在实际条件下进行正常活动的容易程度，又要满足放松时视环境的舒适愉悦程度，即达到人的视觉满意度。

2. 照度分布要均匀

为了减轻人眼为频繁适应不同照度而造成的视觉疲劳，室内照度的分布应具有一定的均匀性。照度均匀度是最小照度值与平均照度值之比，根据相关规定，公共建筑的工作房间和工业建筑作业区域内的一般照明照度均匀度不应小于0.7，而作业面邻近周围的照度均匀度不应小于0.5。房间或场所内的通道和其他非作业区域的一般照明的照度值不宜低于作业区域一般照明照度值的1/3。

（二）适宜的亮度分布

若室内空间各区域的亮度差别较大，人眼从一处转向另一处时，被迫需要一个适应的过程，如果这种适应的次数过多，就会引起视觉疲劳。因此，视野内适宜的亮度分布是视觉舒适的重要条件。

此外，为了突出空间内被观察物的重要性，应适当提高其亮度。国际照明委员会推荐，被观察物的亮度为相近环境的3倍时，视觉清晰度较好。

（三）限制不舒适眩光

眩光是指视野范围内由亮度分布不合理或亮度过高所造成的视觉不适或视力减弱的现象。眩光分为不舒适眩光和失能眩光两种，在实际照明环境中，常出现不舒适眩光的情况。不舒适眩光是指，在视野中，由于光亮度的分布不适宜，或在空间或时间上存在着极端的亮度对比，而引起不舒适的视觉条件。如果长时间在有不舒适眩光的环境中工作，人们会感到疲劳，甚至烦躁，从而降低工作效率，严重的还会引发事故，造成重大损失。

为了限制不舒适眩光，我们可选用具有较大遮光角的灯具或具有上射光通量的灯具，也可选择合适的灯具安装高度，来改善视野内的亮度分布，从而达到限制不舒适眩光的目的。

（四）适宜的光源色温

1. 确定光源的色温

光源的色温能够营造室内的环境氛围，不同色温的光源有不同的观感效果，烘托出的环境氛围也大不相同。例如，色温小于 3300 K 的光源偏暖，能够营造温馨、舒适的环境氛围；色温在 3300～5300 K 之间的光源为中间色调，能够打造明亮、宽敞的空间环境；色温大于 5300 K 的光源偏冷，能够烘托出凉爽、清冷的气氛。

2. 照度与色温搭配

光源照度和色温的不同搭配能够形成不同的表现效果，对照明质量产生很大的影响。例如，低照度时，低色温的光使人感到舒适、温馨，而高色温的光使人感到阴沉、寒冷；高照度时，低色温的光有刺激感，会让人感到不适，高色温的光则使人感到轻松、愉快。因此，在低照度时宜选择低色温光源，高照度时宜选择高色温光源。

（五）阴影

在视觉环境中，不当的光源位置会造成透光方向不合适，从而产生阴影。阴影会使人产生错觉，加重视力障碍，影响工作效率，严重的还会引发事故，因此，照明设计时应设法避免阴影。通常，可以采用改变光源位置、增加光源数量等措施消除阴影。

（六）照明的稳定性

照明的不稳定性由光源光通量的变化所致，光源光通量的变化主要是电源电压的波动引起的。不稳定的照明环境不仅会分散工作人员的注意力，而且会对人的视力造成一定程度的损害。因此，在一些使用大功率用电设备的场所，应将照明供电电源与有冲击负荷的电力供电线路分开设置，必要时可考虑采用稳压措施，以保证照明的稳定性。

三、室内照明设计的原则

实用性、安全性、经济性、美观性和节能性是室内照明设计的五大基本原则。

（一）实用性原则

实用性是室内照明设计的根本原则，也是设计的出发点和基本条件。实用性原则要求照明应达到规定的照度水平，以满足工作、学习和生活的需要。在室内照明设计中，所选用的灯具类型、照度的高低、光色的变化等，都应与使用要求一致，以保证整体照明的实用性。

此外，室内照明设计的实用性还包括照明系统的施工安装、运行及维修的方便性等。

（二）安全性原则

安全性原则是室内照明设计最重要的原则，应该严格按照国家现行规范的规定和要求进行设计。在一般情况下，线路、开关、灯具的设置都要采取相应的安全措施。例如，电路和配电方式要符合安全标准，要在危险的地方设置明显的标识，以防止漏电、短路等引发的火灾和伤亡事故等；在选择建筑电气设备及电器时，应选择信誉好、产品质量有保证的厂家或品牌；应充分考虑使用环境条件（如位置、温度、湿度、有害气体、辐射等）对电器的损坏；在充分论证可行性的基础上，应积极采用先进技术和先进设备。

（三）经济性原则

经济性原则包括两个方面的含义：一方面，是合理、科学地布置灯具，使空间最大限度地体现实用价值和审美价值；另一方面，是采用先进技术，充分发挥照明设施的实际作用，尽可能以较少的电能消耗和费用获得较好的照明效果。

（四）美观性原则

照明设计是美化室内环境和创造艺术氛围的重要手段，它既能增加空间层次，又能渲染环境气氛。在设计中，通过控制灯光的明暗、隐现、强弱、色调等，可创造温馨柔和、宁静幽雅、浪漫怡人、欢乐喜庆等多种风格情调的空间氛围，再结合造型美观的灯具，可为空间增添丰富多彩的情趣。

（五）节能原则

节能原则要求将降低能耗、循环利用和保护生态环境作为照明设计的标准，其方法主要包括最大限度地利用建筑的自然采光条件和充分采用绿色照明理念，以达到节能、环保的目的。

第二节　室内照明设计的基本流程

照明设计应与建筑设计、室内设计一样，贯穿整个项目的始终。照明设计师在项目的初始阶段就开始着手准备，在整个设计过程中不断地与建筑师、室内设计师、委托方等人员进行交流与沟通。每个项目都各有侧重，照明设计的具体流程并不总是一致的，但其基本流程可适用于大多数项目。其基本流程主要包括以下五个阶段：概念方案设计阶段、深化方案设计阶段、施工图绘制阶段、照明调试阶段和维护管理阶段。

每个照明项目的设计方案总是通过不断修改，愈发细化，直至完善，以达到设计者和委托方共同期望的效果。

一、概念方案设计阶段

（一）项目调研

在接到项目之后，着手设计之前，照明设计师要对项目各方面进行深入的勘察和了解。勘察的内容一般包括建筑的结构、室内空间的尺寸、空间的功能分区和周边的环境等。

此外，照明设计师还要询问业主的需求，以及参与项目的建筑师和室内设计师的设计理念等。在完成这些调研之后，总结成报告（包括文字资料和图纸资料），与设计团队共同分析，以便对空间照明进行整体规划。

（二）初步确定设计理念

在收集、整理和分析图纸资料后，照明设计师提出初步的照明理念，并进行图文说明。

（三）预算造价

根据初步的设计理念，估算工程的总用电负荷及照明工程总造价。

二、深化方案设计阶段

在完成理念设计，并与业主达成一致意见后，开始进入深化方案设计阶段。本阶段的主要任务是深化设计理念，对设计方案进行分析与细部设计。

（一）分析照明方案

照明设计师要根据相关规范和标准、空间功能、家具及装饰材料的光反射率等条件，对照明设计方案进行分析论证，并出具必要的照度分析说明。

（二）选择光源与灯具

根据空间的尺寸、功能及所要营造的氛围，确定光源的种类、形式（点光源、线光源、面光源）及灯具的类型。

（三）绘制设计方案

在确定方案后，照明设计师开始绘制设计方案，主要包括灯具扩初阶段（扩初设计是介于方案和施工图之间的过程，是初步设计的延伸）的布置草图、主要区域照明灯具安装示意图、照明效果表现图等。同时，还要出具灯具选型意向表、灯具数量清单、照明总用电负荷及照明工程总造价预算表、照度分析资料和文字解说资料等。

三、施工图绘制阶段

在前面两个阶段的基础上，进一步优化设计方案，进行对方案可行性的调整。在和委托方及安装施工方协调一致后，出具可进行施工的整套电气施工图纸。其内容主要包括照明施工图和灯具参数。

（一）照明施工图

照明施工图包括灯具布置图、灯具定位尺寸图、开关布置图、安装节点或预埋件图、照明回路图、照明电气箱及管线布置图、照明控制电气系统图等。

（二）灯具参数

对于有特殊要求的灯具，需要提供灯具参数资料，其内容主要包括所用灯具的品牌、尺寸、功率、配光、色温、材质、电气安全等级等。

四、照明调试阶段

照明调试即调光，是对由灯具射出的光的强度和照射方向进行调整，是在工程大体完成之时，向委托方交工之前进行的，属于照明设计的后期工作。该阶段需要照明设计师到现场亲自指挥作业，并予以确认。调光多用于商业照明设计和工业照明设计等大型项目，一般住宅的照明设计不需要进行调光。

五、维护管理阶段

照明工程建设完成之后，必须经常维护光源和灯具，确保它们能正常工作，并长期保持良好的照明效果，因此，需要向管理者、使用者说明如何正常使用和维护照明工程。该说明多以维护管理手册的形式出现，手册中应包括使用说明、管理方法及产品资料等。

第三节 室内照明设计的方法

光环境是影响室内环境的重要因素。随着人们生活水平的不断提高，人们对所处环境的要求也越来越高，如何合理地利用天然光和人工照明，如何充分利用天然光以达到节能的目的，如何减少人造光对环境的污染和能源消耗等问题，逐渐成为室内照明设计的重点。

照明设计不仅能够照亮空间，而且可以营造不同的空间意境和情调，丰富人们的视觉感受。例如，同样的空间，如果采用不同的照明方式、不同角度和方向的光照、不同的灯具造型及不同的光照强度和色彩，便可获得不同的视觉感受。

一、室内光环境的运用

自然采光和人工照明是室内光环境的两大组成部分，是保证人类从事各种室内活动不可或缺的要素。

（一）充分利用自然光

自然光是室内空间中最为灵活的设计元素。自然光在不同的时间、季节和空间，通过直射、透射、反射、折射、吸收等多种方式，使室内产生不同的光效，营造出丰富多彩的空间美感。

作为光环境设计中最具有表现力的因素之一，自然光越来越受到人们的重视。充分利用自然光不仅可以节约能源，还能使人们在视觉上更为舒适，心理上更能与自然亲近。

在建筑空间中，自然光主要通过采光口被引入室内，因此，采光口的大小、位置、构造及形式决定了光的表现效果。采光口按照其所处的位置和布置形式，可分为侧面采光和顶部采光两种。如今，随着科技的不断发展，一些新型采光方式也随之问世，为室内自然采光提供了更完善的设计手段。

1. 侧面采光

侧面采光是在房间外墙上开的采光口（窗户），其构造简单，不受建筑物层数的限制，且布置方便，造价低廉，是室内最常见的一种采光形式。侧面采光的光线具有明确的方向性，有利于形成光影，能够塑造特殊的光照效果。但是，侧面采光只能保证房间内有限进深的采光要求（一般不超过窗高的2倍），更深处则需要人工照明加以补充。

侧面采光口一般设置在距离地面1米左右的高度。由于侧窗的位置较低，太阳光直射进室内容易形成眩光，因此，可采用水平挡板、窗帘、百叶窗、绿植等加以遮挡，以减少眩光。在某些场合，为了利用更多墙面（如展厅为了争取更多展览面积）或提高房间深处的照度（如大型厂房等），通常会将采光口的位置提高到距地2米以上处，被称为高侧窗。

2. 顶部采光

顶部采光是指在建筑顶部设置采光口，其光线自上而下，照度分布均匀，采光效率高，常用于大型车间、大型厂房、大型商场、机场等场所。由于顶部采光的光源多为太阳直射光，容易产生眩光，而且建筑顶部有障碍物时，射进室内的部分光线会被遮挡，导致室内照度急剧下降，影响采光效果。

3. 新型采光方式

随着社会和现代科学技术的发展，许多新型采光方式出现了，如镜面反射采光、导光管采光、光纤采光等。

（1）镜面反射采光

镜面反射采光利用几何光学原理，通过平面或曲面的反光镜，将太阳光经一次或多次反射送到室内需要照明的地方。利用该方法可提高房间深处的亮度和均匀度。

镜面反射采光通常有两种做法：一种是在建筑南向窗户底部外墙安装镜面（呈10°向上倾斜），利用镜面将太阳光反射到室内天棚后，通过漫射来照亮室内空间；另一种是将平面或曲面反光镜安装在跟踪太阳的装置上作为定日镜，经一次或多次反射将光线送到室内需采光的区域。

（2）导光管采光

导光管采光系统主要由集光器、导光管和漫射器三部分组成。该方式是使室外的自然光线通过集光器导入系统内进行重新分配，再经特殊制作的导光管传输和强化后，由系统底部的漫射装置把自然光均匀、高效地照射到室内。

导光管采光方式适用于新建建筑。该系统必须安装在顶棚，对平层建筑的采光有较大帮助，高层建筑则无法使用。

（3）光纤采光

光纤采光与导光管采光的最大区别是光传输元件的不同，光纤采光是采用光导纤维传输光束。光导纤维传输光束能够减少光在传输过程中的能量损失，大大提高输出端辐射光的能量，同时更便于安装和维护。

光纤采光的原理是利用菲涅尔透镜或凸透镜等聚光镜收集太阳光，然后使用分光原理将阳光中的不利成分（红外线、紫外线及有害射线等）消除，再用光纤耦合器将光导入光纤中，经过一定距离的传输实现室内照明。

光纤利用全反射原理传输光能，其损耗小，布设方便，新旧建筑均可使用，且不受房间位置、窗户方位等条件的限制，但其成本较高，光线耦合进入光纤需满足一定的耦合条件。

（二）合理组织人工照明

随着建筑密度的增加、建筑体量的增大和形态的多样化，自然采光已无法满足各种功能空间的照明需求，需要人工照明加以补充。因此，人工照明逐渐成为补充自然采光和提供夜间照明的重要手段。

人工照明作为室内光环境的重要组成部分，兼具功能性和装饰性双重作用。从功能角度讲，人工照明要满足人们对照明的基本要求；从装饰角度讲，人工照明要塑造具有审美趣味的环境氛围，以满足人们的心理需求。

根据建筑功能的不同，人工照明的功能性与装饰性所占比重也各不相同。例如，在工厂、学校、办公空间等工作场所，人工照明应侧重考虑其功能性，而在商场、娱乐空间等休闲场所，人工照明应侧重考虑其艺术效果。因此，人工照明设计要综合考虑多方面因素，合理选择和组织照明方式。

二、人工照明的方式

从控制光环境的角度来说，人工照明既要满足基本的照明要求，又要塑造具有审美趣味的环境氛围，而要达到此目的，就必须选择合适的照明方式，并据此合理地选用和布置灯具。

（一）不同照度分布的照明方式

室内空间的使用功能不同，照度分布方式的要求也不相同。因此，照明设计师要对空间的功能性质进行分析，然后选择最合理的照明方式。

按照空间照度分布的差异，照明方式通常可分为一般照明、分区一般照明、局部照明和混合照明四种。

1. 一般照明

为照亮整个空间而采用的照明方式称为一般照明。一般照明是将若干灯具均匀地布置在顶面，形成统一的光线和均匀的照度。一般照明在同一空间内采用的灯具种类较少，使空间显得稳定、平静。一般照明适用于无确定工作区或工作区分布密度较大的室内空间，如办公室、会议室、教室、等候厅等。

由于一般照明不是针对某一具体区域的，而是为整个空间提供照明，所以总功率较大，容易造成能源的浪费。因此，要对一般照明进行适当的控光设置，如通过分路控制的方式，根据时段或工作需要确定开启数量，以有效降低能耗。

2. 分区一般照明

当空间内某一区域的照度要区别于一般照明的照度时，可采用分区一般照明，即根据特定区域的需要，进行单独的照明设计。例如，商场需要利用灯光对店铺进行分区，且不同店铺对于照明的照度要求也不同，这时就要采用分区一般照明的方式。

分区一般照明不仅可以改善照明质量，满足不同区域的功能需求，而且可以创造多层次的空间环境，形成丰富的室内光环境效果。

3. 局部照明

局部照明是为照亮工作点（通常限制在很小范围内，如工作台面）或突出被观察物而专门设置的照明，其亮度要高于空间内一般照明的亮度。

4. 混合照明

混合照明是在同一空间内，同时使用一般照明与局部照明的照明方式。混合照明实质上是以一般照明为基础，在需要特殊光线的地方额外布置局部照明的方式。混合照明能够增强空间层次感，明确区域的功能性，它被广泛应用于功能相对复杂、要求装饰效果丰富的室内空间。

（二）不同光通量分布的照明方式

照明方式在光通量分布上的差异取决于灯具自身的光通量分布特性。按照光通量分布的差异，照明方式可分为直接照明、半直接照明、半间接照明、间接照明和漫射照明五种。

1. 直接照明

灯具发射光通量的 90% 以上直接投射到工作面上的照明方式被称为直接照明。从光的利用率来看，直接照明的利用率较高，能源浪费最少。直接照明方式主要是通过直接照明灯具实现的。直接照明灯具根据光束角宽窄的差异，又分为窄照型、中照型和宽照型三种，这种差异直接影响了灯具的光效。下面以窄照型和宽照型为例，分别介绍两者的光照差别和适用范围。

（1）窄照型

窄照型直接照明灯具的光束角小，发射出来的光线非常集中，具有照度高、照明目标性强等特点。窄照型直接照明灯具适用于重点照明和高顶棚的远距离照明，如博物馆、展览馆的展品照明，餐饮空间、娱乐空间的装饰小品照明等。

（2）宽照型

宽照型直接照明灯具的光束角相对较宽，光线具有扩散性，在灯距适当的情况下，可为空间提供均匀的照度，因此，可作为室内空间的一般照明灯具。宽照型直接照明灯具不适合在高顶棚的空间使用，因为会因光的散失而造成能源浪费。

2. 半直接照明

半直接照明方式是用半透明灯罩遮盖光源上部，使 60% ～ 90% 的光直接向下照射，作为工作照明；其余 10% ～ 40% 的光通过灯罩扩散向上漫射，形成柔和的环境光。不同透光度和不同形式的遮光罩产生的光效会有所差异。

由于半直接照明向上漫射的光线能照亮顶棚，在视觉上使房间顶部高度增加，产生较高的空间感，故常用于较低的空间。

3. 半间接照明

半间接照明方式是把半透明的灯罩装在光源下部，使 60% 以上的光线射向上部以形成间接光源，其余 10% ～ 40% 的光线经灯罩向下扩散。该照明方式的光线具有明确的投射方向，以突出需要强调的区域，因此，其装饰作用大于功能作用。

4. 间接照明

间接照明方式是遮蔽光源下部而产生间接光的照明方式，其 90% ～ 100% 的光线通过顶棚或墙面的反射照亮空间。间接照明通常有两种处理方法：一种是将不透明灯罩装在灯泡的下部，使光线射向顶面或其他物体上，再经反射形成间接光线；另一种是把灯泡装在灯槽内，使光线从顶面反射到室内，形成间接的光线。

间接照明通常要和其他照明方式配合使用才能取得特殊的艺术效果。在住宅的客厅、商场、服饰店、会议室等场所，间接照明常作为环境照明或用来提高区域的亮度。

5. 漫射照明

漫射照明是利用灯具的折射功能将光线向四周散射的照明方式。其光线柔和、细腻，不会产生光斑和反光，能够营造舒适的照明环境。

在室内照明设计中，发光顶棚和半透明的封闭式灯具均属于漫射照明。在发光顶棚中，光源经滤光材料（如灯箱片、磨砂玻璃）过滤后，失去了方向性，从而产生漫射效果。而采用磨砂玻璃或半透光亚克力等材料制成的灯罩，同样具有滤光作用，灯具内部光源所发出的光线经灯罩的折射和过滤后，均匀、柔和地透射出来，形成舒适的光环境。

三、绿色照明与节能照明

20 世纪 90 年代初，美国国家环保局提出了绿色照明的理念。提倡绿色照明是为了节约能源、保护环境，为人们提供经济、舒适、环保的照明环境，从而提高人们的生产、工作、学习效率和生活质量。

绿色照明不同于传统意义上的照明，它涵盖环保、安全、舒适、高效节能四项指标。安全、舒适是指光照清晰、柔和，不产生紫外线、眩光等有害光线，不产生光污染。高效节能是指消耗较少的电能获得充足的照明，从而减少大气污染物的排放，达到环保的目的。节能照明是绿色照明工程中的一个重要组成部分。

（一）绿色照明

绿色照明是指通过科学的照明设计，采用光效高、寿命长、安全且性能稳定的照明产品改善人们工作、学习、生活的条件和质量，从而创造一种高效、舒适、安全、经济、有益的环境。绿色照明是能够充分体现现代文明的照明方式。

（二）节能照明

《中华人民共和国节约能源法》中对"节能"的定义是："节约能源（以下简称节能），是指加强用能管理，采取技术上可行、经济上合理以及环境和社会可以承受的措施，从能源生产到消费的各个环节，降低消耗、减少损失和污染物排放、制止浪费，有效、合理地利用能源。"

1. 节能照明的原则

节能照明主要是通过采用高效节能的照明产品、提高照明质量、优化照明设计等手段，达到节能的目的。

节能照明可依据以下节电原则：① 根据视觉工作需要，决定照明水平；② 得到所需照度的节能照明设计；③ 在考虑显色性的基础上采用高光效光源；④ 采用不产生眩光的高效率灯具；⑤ 室内表面采用高反射比的材料；⑥ 利用照明和空调系统的热结合；⑦ 设置不需要时能关灯或灭灯的智能控制装置；⑧ 不产生眩光和差异的人工照明与天然光的综合利用；⑨ 定期清洁照明器具和室内表面，建立换灯和维修制度。

2. 节能照明的主要方法

（1）正确选择照明标准值

为了节约电能，在进行照明设计时，应根据工作、生产、学习和生活对照明的要求确定照度，具体要根据识别对象大小、亮度对比及作业时间长短、识别速度、识别对象是静态还是动态、视看距离、视看者的年龄大小等因素确定照度。根据视觉工作的特殊要求及建筑等级和功能的不同，照度标准值的分级只能提高或降低一级。设计的照度值与照度标准可有 ±10 的误差。

（2）合理选择照明方式

在满足标准照度的条件下，为节约电能，应合理地选用一般照明、局部照明或混合照明等照明方式。例如，对于工厂的机械加工车间，若只用一般照明方式，即使使用很多灯也很难达到精细视觉作业所要求的照度值，而如果在每个车床上安装一个局部照明光源，则用很少的电就可以达到很高的照度，因此，机械加工车间更适合采用局部照明方式。

（3）合理使用高光效照明光源

选择光源首先要考虑光源的光效，常用光源的光效由高到低的排列顺序如下：低压钠灯、高压钠灯、金属卤化物灯、三基色荧光灯、普通荧光灯、紧凑型荧光灯、高压汞灯、卤钨灯、普通白炽灯。除此之外，还要考虑光源的显色性、色温、使用寿命、性能价格比等指标。具体应坚持以下几点：

第一，减少使用白炽灯。白炽灯具有安装方便、价格低廉等优势，其缺点是光效低、寿命短、耗电多等，因此，白炽灯目前已被各种亮度高、光色好、显色性能优异的新光源取代。例如，用卤钨灯取代普通照明白炽灯，可节电 50% ～ 60%；用自镇流荧光灯取代白炽灯，可节电 70% ～ 80%；用直管型荧光灯取代白炽灯，可节电 70% ～ 90%。

第二，推广使用细管径（≤ 26 mm）的 T8 或 T5 直管型荧光灯或紧凑型荧光灯。其中，细管径直管型荧光灯具有光效高、启动快、显色性好等优点；紧凑型荧光灯具有光效高、寿命长、显色性好、安装简便等的优点。随着生产技术的发展，目前已有 H 形、U 形、螺旋形及外形接近普通白炽灯的梨形荧光灯。

第三，大力推广使用高压钠灯和金属卤化物灯。

第四，逐步减少使用高压汞灯。

第五，推广使用发光二极管（LED）。LED 具有寿命长、光利用率高、耐震、低电压、显色性好、省电等优点，应大量推广使用。

第六，选用符合节能评价值的光源。目前，我国已制定了双端荧光灯、单端荧光灯、自镇流荧光灯、高压钠灯及金属卤化物灯的能效标准。

（4）合理选用高效节能灯具

第一，选用高效率灯具。在满足眩光限制、配光要求、减少光污染的条件下，荧光灯的灯具效率不应低于75%（开敞式灯具）、65%（带透明保护罩的灯具）、60%（带格栅的灯具）和55%（带磨砂或棱镜保护罩的灯具）。高强度气体放电灯的灯具效率不应低于75%（开敞式灯具）、65%（泛光灯具）、60%（带格栅或透光罩灯具）。间接照明灯具（荧光灯或高强度气体放电灯）的灯具效率不宜低于80%。高强度气体放电灯的灯具效率不应低于55%（带格栅或透光罩灯具）。

第二，选用控光程度合理的灯具。根据使用场所的条件，采用控光程度合理的灯具，使灯具射出的光线尽量全部照在使用场地上。

第三，选用光通量维持率高的灯具，以及灯具反射器表面的反射比高、透光罩的透射比高的灯具，可以有效推迟灯具的老化，提高灯具的使用效率。

第四，选用光利用系数高的灯具，可以使灯具发射出的光通量最大限度地照在工作面上。灯具的利用系数值取决于灯具效率、灯具配光、室空间比和室内表面装修色彩等。

第五，采用照明与空调一体化灯具。这种灯具又称空调灯盘，多以荧光灯作为光源。它在结构上将空调的出入风口与照明灯具进行统一考虑。在夏季，灯具产生的热量可排出50%～60%，以减少空调制冷负荷；在冬季，可利用灯具排出的热量降低供暖负荷。采用照明与空调一体化灯具，可节能约10%。

（5）正确选择照明控制方式

在一些智能建筑空间中，可采用调光、调压等自控措施节约电能。

每个开关控制的灯具数量尽量少一些，这样既利于节能，又便于维修。通常，较小的房间里每个开关可控制1～2个灯具，中等大小的房间里每个开关可控制3～4个灯具，较大的房间每个开关可控制4～6个灯具。

（6）充分利用天然光

为了达到节能的目的，建筑物应充分利用天然光。为此，可将室内的门窗开大（如使用落地窗），采用透光率较好的玻璃门窗，将天然光最大限度地引入室内。另外，合理使用人工照明与天然光，不仅能节约大量能源，而且能为室内提供舒适的视觉环境。

四、应急照明

应急照明作为工业及民用建筑照明设施的一部分，同人身安全、建筑物及设备安全密切相关。

应急照明是在正常照明系统因电源发生故障而不再提供正常照明的情况下，供人员疏散、保障安全或继续工作使用的照明。应急照明包括备用照明、疏散照明和安全照明三类。

（一）备用照明

当正常照明因故障熄灭后，需要确保正常工作或活动继续进行的场所，应设置备用照明。备用照明的照度值除另有规定外，应不低于该场所一般照明照度值的10%。一些场所的备用照明还应视继续工作或生产、操作的具体条件、持续性和其他特殊需要，选取合适的照度值。例如，医院手术室内的手术台，由于其操作的重要性和精细性，且持续工作时间较长，其备用照明的照度就需要和正常照明的照度相同。

1. 需要装设备用照明的室内场所

第一，断电后因不能及时操作和处置，可能导致火灾、爆炸或中毒等事故的生产场所，如油漆生产、化工、石油、塑料及其制品生产、炸药生产、溶剂生产的某些操作部门等。

第二，断电后因不能及时操作和处置，可能造成生产流程混乱、生产设备受损，或使正在加工、处理的贵重材料、零部件受损的生产场所，如化工、石油工业的某些流程操作区，冶金、航空航天等工业的炼钢炉、金属熔化浇铸、热处理及精密加工车间的某些部门等。

第三，照明熄灭后将造成重大政治、经济损失的场所，如重要的指挥中心、通信中心、广播中心、电视台、区域电力调度中心、发电与中心变配电站，以及供水、供热、供气中心和铁路、航空、航运等交通枢纽。

第四，照明熄灭后将影响消防工作进行的场所，如消防控制室、消防泵房、应急发电机房等。

第五，照明熄灭后将无法进行营运、工作和生产的较重要的地下建筑，如地铁车站、大中型地下商场、地下娱乐场所等。

第六，照明熄灭后可能造成较大量的现金、贵重物品失窃的场所，如银行、储蓄所的收款处，大中型商场的收款台、贵重商品柜等。

2. 装设要求

利用正常照明的一部分以至全部，作为备用照明，尽量减少另外装设过多的灯具。

对于特别重要的场所，如国际会议中心、国际体育比赛场馆、高级饭店等，备用照明要求等于或接近正常照明的照度，应利用全部正常照明灯具作备用照明，正常电源发生故障时能自动切换到应急电源。

对于某些重要部门、某个生产或操作地点需要备用照明的，如操纵台、控制屏、接线台、收款处、生产设备等，只要求照亮这些需要备用照明的位置即可，因此可从正常照明中分出一部分灯具，由应急电源供电。

（二）安全照明

当正常照明因故障熄灭后，需要确保处于潜在危险中的人员安全的场所，设置安全照明。安全照明的照度值不应低于该场所一般照明照度值的5%。

1. 需要装设安全照明的场所

这类场所主要包括：① 照明熄灭后可能危及操作人员或其他人员安全的生产场地或设备间；② 高层公共建筑的电梯内；③ 医院的手术室、危重患者的抢救室等。

2. 装设要求

安全照明往往是为某一个工作区域或某个设备而设置的，一般不要求整个房间或场所具有均匀的安全照明，而只需重点照亮某个或几个设备区、工作区。根据情况，安全照明可利用正常照明的一部分或专为某个设备、区域单独装设。

（三）疏散照明

当正常照明因故障熄灭后，对于需确保人员安全疏散的出口和通道，应设置疏散照明。

1. 疏散照明的功能

第一，能够明确、清晰地指示疏散路线及出口或应急出口的位置。

第二，为疏散通道提供必要的照明，保证人员能向出口或应急出口安全行进。

第三，能使人们快速看到沿疏散路线设置的火警呼叫设备和消防设施。

2. 需要装设疏散照明的场所

这类场所主要包括：① 人员密集的公共建筑，如大礼堂、剧场、电影院、文化宫、体育场馆、展览馆、博物馆、美术馆、候机楼、大中型候车厅、大中型商场、大中型医院、学校等；② 大中型旅馆及餐饮建筑；③ 高层建筑，特别是高层公共建筑；④ 人员众多的地下建筑，如地铁车站、地下商场、地下旅馆、地下娱乐场所、其他地下公共建筑、大面积无天然采光的工业厂房等；⑤ 特别重要的、人员众多的大型工业生产厂房等；⑥ 公共建筑内的疏散走道和居住建筑内长度超过 20 米的内走道，距离最近安全出口大于 20 米或安全出口不在人员视线范围内时，应设置疏散指示标志照明。

3. 疏散照明的布置

（1）出口标志灯的布置

装设部位：建筑物通向室外的出口和应急出口处，多层、高层建筑的各楼层通向楼梯间的一侧，公共建筑中人员聚集的观众厅、会议室、展览厅、休息厅的出口等。

装设要求：出口标志灯应装在上述出口门的内侧，且通常装设在出口门的上方；当门过高时，应装在门侧边。安装高度离地面 2.2 ～ 2.5 米为宜。此外，出口标志灯的标志面的法线应与沿疏散通道行进人员的视线平行。出口标志灯一般在墙上明装，有时也可根据建筑需要嵌墙暗装。

（2）指向标志灯的布置

装设部位：在疏散通道的各个部位，若不能直接看到出口标志，或距离太远，难以辨认出口标志时，应在疏散通道的适当位置装设指向标志灯，以指明疏散方向；当人员疏散到指向标志处时，应能看清出口标志，否则需要增加指向标志灯。

指示灯通常安装在疏散通道的拐弯处或交叉处。当疏散通道太长时，中间应增加指向标志灯，且指向标志灯的间距不宜超过 20 米。对于高层建筑的楼梯间，还应在各层设表明楼层层数的标志。此外，指向标志灯应尽量和疏散照明灯结合考虑，并可兼作疏散照明灯使用。

　　装设要求：指向标志灯通常安装在疏散通道的侧面墙上，或通道拐弯处的外侧墙上。安装高度应离地面 1 米以下，也可安装在 2.2 ～ 2.5 米处。当安装在 1 米以下时，灯外壳应有防止碰撞等机械损伤和防触电的装置。此外，标志灯应嵌墙安装，突出墙面的尺寸不宜超过 50 毫米，灯角应为圆角。

第六章　室内陈设设计艺术

第一节　室内陈设设计概述

一、室内陈设的基础知识

室内陈设设计又称室内装饰设计、装饰装潢设计等。装饰和装潢原意指对"器物或商品外表"的"修饰"，着重从外表的、视觉艺术的角度来探讨和研究问题，主要指在不触及室内及建筑物结构的基础上对室内环境以及陈设物进行二次设计和加工、强化。

其实，在国内外相关的学术领域，"陈设艺术"并没有一个明确的定义。在此引用国内比较认可的一个解释——陈设艺术是在室内设计的过程中，设计者根据环境特点、功能需求、审美要求、使用对象的要求、工艺特点等因素，精心设计出高舒适度、高艺术境界、高品位的理想环境的艺术。

从字面上解释，"陈设"二字作为动词，有排列、布置、安排、展示、摆放等含义；作为名词，则表示可用以观赏的"物品"。具有现代意义的"陈设"与传统的"摆设"有相通之处，但其内涵更为宽泛。

室内"精神建设"是室内陈设艺术设计的重点，精神品质、性灵和视觉传递方式等生活内涵是其基本研究领域。从原则上讲，室内"精神建设"必须充分发挥"艺术性"和"个性"。现代室内陈设设计是对室内设计的延续，是涵盖美学、室内设计、产品造型设计等学科的综合性学科。这就要求设计者既要具有较强的美学基础以及良好的文学修养，又要熟悉人机工程学、设计心理学等。这就是设计中的人文艺术设计。

可以说陈设设计首先是一种状态，一种语言；其次是一种艺术，而且是一种活的艺术。

二、室内陈设设计的定位

（一）室内陈设设计与环境艺术设计的关系

在我国，"环境艺术设计"一般是指室内外设计、装修设计、建筑装饰和装饰装潢等。尽管叫法很多，但其内涵相同，都是指围绕建筑所进行的设计和装饰活动；要说区别的话，那就是室内设计和室外设计的区别。

陈设也叫摆设，是环境艺术设计中的重要内容。陈设与环境是一个有机的整体，所以陈设艺术与环境艺术的内涵是统一的。室内陈设设计作为环境设计的一个部分，是建筑设计和室内设计的延伸和补充。随着人们生活水平的不断提高和分工的逐步细化，陈设设计逐步从室内设计中脱离出来越来越受人们的重视，它在室内设计中的地位和作用也越来越重要。陈设品作为室内设计不可或缺的组成部分，其地位和作用举足轻重。人们可通过心仪的陈设品来感知和体验生活的美好，丰富多彩的陈设品也可以给乏味、忙碌的生活增添些许情趣。品种繁多、款式齐全的陈设品，满足了人们多方面的物质、精神需求，为创造美好的室内生活提供了无限可能。陈设品可以烘托环境气氛、体现设计品位。有什么样的环境就该有什么样的陈设品，陈设品作为环境的有机组成部分，既要与环境融为一体，又不能被环境湮没。进行陈设艺术设计时必须把握分寸，使陈设品的大小、形式、位置与整个环境取得良好的互动关系，取得理想的效果。

（二）室内陈设设计与室内设计的关系

室内陈设设计是室内设计不可分割的重要组成部分。它虽然是室内设计的一个分支，但又自成体系。室内陈设设计与室内设计所关注的重点和研究的深度有所不同。室内陈设设计是在室内设计整体构思的基础上，对艺术品、生活用品、收藏品、绿化等进行进一步深入、细致的设计，以获得增光添彩的艺术效果。同时，室内陈设设计并不仅仅是一种简单的摆设技术，更是将色彩学、人文学、心理学等学科融为一体的艺术。室内陈设设计可规范人的行为，调整人的心情。

室内陈设设计与室内设计之间存在一种相辅相成的"枝叶与大树"的关系，不可强制分开。只要是存在室内设计的环境，就会有室内陈设设计的内容，只有多与少、高与低的区别。只要是属于室内陈设设计的门类，必然在室内设计的范围内。

（三）室内陈设设计与装修设计的关系

装修设计是对空间建筑界面的整体设计，是在一定区域和范围内依据一定的设计理念和美观原则，针对水电、墙体、地板、顶棚、景观等形成的一整套施工和解决方案。小到家具摆设，大到房间配饰和灯具的定制处理，都是装修内容。装修主要是为了掩盖和修复建筑空间设计中一些不美观的地方。以往，室内设计工程的完成也意味着装修设计任务的结束。随着经济的发展和人们观念的改变，在室内设计方面，人们会因为生活背景、文化教育层次和个人审美情趣等不同而产生不同的需求。因此，陈设设计必然成为装修设计的延续，顺应时代的发展，日臻完善。

三、室内陈设设计的特点

陈设设计不仅与人们的生活和生产有关，还对室内环境空间的组织与创造有直接影响。陈设物品在室内环境中具有其他物品无法替代的作用，可表达一定的思想内涵和精神，是美化环境、增添室内情趣、渲染环境气氛、陶冶人的情操必不可少的一种手段。室内陈设设计的特点可以被概括成以下四点：

（一）人文性

技术、手法、材料的发展都是必然的，设计师对它们的选择也是自由的，只有人文精神始终如一地蕴含在优秀的设计作品之中。不同民族、不同地域、不同时代都有不同的文化体现，蕴含人文性的设计有其不可复制性。民族是指共同的地域环境、生活方式、语言、风俗习惯，以及心理素质形成的共同体。中华民族具有自己的文化传统和艺术风格，其内部各个民族的心理特征与习惯、爱好等也存在差异，这一点在陈设品中有很好的体现，如汉族，由于其代代相承的传统和习俗，有大量龙凤题材的装饰纹样。一般的室内空间应舒适美观，而有特殊要求的空间则应具有一定的内涵，如纪念性建筑的室内空间，多采用大型壁画，以加强空间的深刻含义。室内陈设能体现主人的品位，是营造空间氛围的点睛之笔，可以根据空间的大小、形状，以及主人的生活习惯、兴趣爱好和经济情况来设计。

（二）交互性

陈设品在室内空间中绝不是简单的摆设，服务于使用者的生活需要是室内陈设设计的最终目的。一方面，陈设品之间有交互性，包括使用功能的互补、色彩的对比、形状的交融等；另一方面，它们是有生命的，使用者必须与陈设品产生互动，去使用它、感受它，明确它存在的意义。如果脱离了与人的关系，陈设品就形同虚设。

（三）原创性

一味地复制与模仿令人生厌，室内陈设设计强调想象力、艺术性和原创性。原创性不仅是对整体设计的要求，还应具体到陈设品个体的选择与设计。在室内简单地悬挂几幅粗劣的临摹油画，摆放用树脂制成的仿造工艺品和仿真花，会使整个空间显得俗气；如果选用合适的具有艺术特色的原创陈设品，不仅能为空间增色，还可以陶冶情操，增添生活情趣。

（四）实用性

所有陈设品都应发挥其自身最大的使用性能，应既有装饰性又有实用性，而不是对室内空间空白处的简单填充，如可以选用芦荟、吊兰、龟背竹等植物，在美化空间的同时，又能够清除空气中的有害物质，有益于使用者的身体健康。

四、室内陈设设计的设计要素和手法

（一）室内陈设设计的设计要素

1. 空间要素

空间的合理化会给人们以美的感受，是设计的基本任务。现代的陈设设计应勇于探索，赋予空间新的形象，不应拘泥于过去的室内陈设的形式。

室内陈设设计中的空间要素设计就是以往人们经常说的"软装饰设计"，即室内装饰艺术设计，它与"硬装修设计"的提法相对应。近年来，使用者和经过系统训练的设计师对室内空间的"硬装修"部分的认识更加充实了，但对"软装饰设计"的重要性及设计作用点的认识还明显不足。居住空间是人们活动最多的空间，室内陈设空间设计应从文化性、艺术性和个性方面着手，有效、便捷地使用陈设技法与技巧，改善居住空间的室内环境。设计师应从实际空间的角度入手，把空间陈设艺术设计纳入现行的设计，进行系统的、连贯的、具有创造性的设计，尽力营造变化多样、个性突出、温馨怡人的居住空间。

2. 色彩要素

陈设设计中的色彩除对视觉环境产生影响外，还直接影响人们的情绪、心理。科学的用色有利于提高工作效率，有助于健康。色彩处理得当，既符合功能要求又符合审美需求。陈设色彩设计除了必须遵守一般的色彩规律外，还应随着时代审美观的变化而有所不同。

在观察空间色彩时，人们会自然把眼光放在占据大面积色彩的陈设物上，这是由色彩环境所决定的。

3. 光影要素

人类喜爱大自然的美景，因此常常把阳光直接引入室内，以消除室内的黑暗和封闭感。顶光和柔和的散射光，会使室内空间显得更为亲切自然。灯光的应用分为两种方式：实体灯光和虚体灯光。实体灯光可以用于点缀性质的陈设设计；虚体灯光则可以用于空间的虚拟分割，使室内更加丰富多彩。

4. 装饰要素

室内整体空间中不可缺少的建筑构件，如柱子、墙面等，应结合功能需要加以装饰，共同构成完美的室内环境。充分利用不同装饰材料的质地特征，可以获得不同风格的室内艺术效果，同时还能体现不同地区的历史文化特征。

5. 陈设家居物品要素

室内家具、地毯、窗帘、艺术品等均为生活必需品，其造型往往具有陈设的特征，大多数起着装饰作用。实用性装饰设计和装饰性布局陈设两者应互相协调，既要追求功能和形式的统一，又要有变化。设计的要点是使室内空间舒适得体，陈设的具体方法是完善设计、补充功能，在完成功能化设计的同时，充分体现不同设计风格中的个性化方案。

6. 绿化、水体要素

在室内设计中使用绿化与水体，已成为改善室内环境、提高设计品质的重要手段，通常也将绿化与水体要素列入陈设艺术的范畴。室内绿化小品对沟通室内外环境、扩大室内空间感及美化空间均起着积极的作用。水体是陈设设计艺术的点睛之笔，好的设计可以充分彰显陈设的设计风格和设计理念。总之，绿化与水体要素可以激活设计的灵魂，突出设计的主题。

（二）室内陈设设计的设计手法

1. 对比

对比是室内陈设设计的基本造型技巧，把两种不同的事物、形体、色彩等做对照，就称为对比，如方圆、新旧、大小、黑白、深浅、粗细、高矮等。把两个明显对立的元素放在同一空间中，经过设计，使其既对立又协调，既矛盾又统一，可在强烈反差中获得鲜明的形象，获得互补和满足的效果。在室内陈设设计中，往往通过对比的手法，强调设计个性，增加空间层次，给人以深刻的印象。

2. 和谐

和谐有协调之意。室内陈设设计应在满足功能要求的前提下，使各种室内物体的形、色、光、质等组合成为一个和谐统一的整体，整体中的每一个"成员",都在整体艺术效果的把控下,充分发挥自己的优势。和谐还可分为环境及物体造型的和谐、材料质感的和谐、色调的和谐、风格式样的和谐等。和谐能使人们在视觉上、心理上获得平静。

3. 对称

对称是表达形式美的传统技法。对称原本是生物形体结构美感的客观存在,人体、动物体、植物枝叶均为对称形,对称是人类最早掌握的形式美之一。

对称分为绝对对称和相对对称。上下、左右对称,同形、同色、同质为绝对对称。而在室内陈设设计中,经常采用的是相对对称,同形不同质感、同形不同色、同质感不同色、同形不同质、同色不同质都可称为相对对称。对称给人以庄重、整齐的感受,即和谐之美。

4. 呼应

在室内陈设布局中,顶棚与地面、桌面及其他部位,常采取呼应的手法进行形体的处理,以起到对应的作用。呼应属于平衡的形式美,是各种艺术常用的手法。呼应也有"相应对称""相对对称"之说,室内陈设设计一般运用形象对应、虚实对应等手法求得呼应的艺术效果。

5. 均衡

生活中的"金鸡独立""演员走钢丝",从力的均衡上给人以稳定的视觉艺术享受,使人获得心理均衡。均衡是依中轴线、中心点将不等形而等量的形体、构件、色彩相配置。均衡和对称形式相比,有活泼、生动、和谐、优美的韵味。

6. 层次

一幅装饰构图,要使画面的深度、广度更加丰富,层次必不可少,缺少层次,则会显得平庸。室内陈设设计同样要追求空间的层次感,如色彩从冷到暖,明度从亮到暗,纹理从复杂到简单,造型从大到小、从方到圆、从高到低、从粗到细,构图从聚到散,质地从单一到多样,空间形体从实到虚等,都可以被看成富有层次的变化。层次的变化可以取得极其丰富的陈设效果,但需要用恰当的比例关系适应空间的需求,只有这样,才能取得良好的装饰效果。

7. 延续

延续是指连续延伸。人们常用"形象"一词指一切物体的外表形状,如果将一个形象有规律地向上或向下、向左或向右,如此连续下去就是延续。这种延续手法被运用于空间之中，可使空间获得扩张感，具有导向作用，甚至可以加深人们对环境中重点景物的印象。

8. 弯曲

在室内环境中，用弯曲的线、面表现空间的变化，活跃空间层次，打破呆板的空间状态，这种手法在当今的室内陈设设计中被广为运用。弯曲有活跃、柔和、神秘等特色，是硬性空间环境的调和剂。

9. 节奏

同一单纯造型，连续重复所产生的排列效果，往往不能引人入胜。但是，一旦稍加变化，适当地进行长短、粗细、造型、色彩等方面的突变、对比、组合，就会产生富有节奏韵律的、丰富多彩的艺术效果。节奏和韵律密不可分，产生节奏的基础条件是条理性和重复性，略显单调；而韵律在节奏中往往体现出一种情感需求。

10. 倾斜

与倾斜相对的是垂直平行。垂直平行的陈设在室内环境中屡见不鲜，然而，设计的灵魂贵在构思独特。倾斜的做法就是突破一般陈设规律、大胆创新，以给人留下深刻的印象。倾斜在规矩的正方形、长方形空间里，其斜线、斜面会与垂直、水平的线、面形成强烈的对比，使空间显得生动、活泼。

11. 重复

重复是单一体的次序组合，有反复连续之意。在建筑构件装饰上选用相同的构件重复排列，也能产生节奏感；局部的曲直、高低、粗细变化，还会体现出韵味。

室内陈设主要装饰部件往往采用相同的物件，如乐器、扇子、瓷盘、风筝、鸟笼等，通过大小疏密的排列取得装饰效果，这是室内环境中常用的陈设方式。

12. 景点

景点指室内重点墙面上根据需求精选的陈设物，在进行巧妙布局后所形成的亮点。

陈设物的种类繁多，材质丰富，构图多样，配合灯光，可以呈现出华贵、朴素、典雅、温馨的艺术效果。

13. 简洁

简洁或称简练,指室内环境中没有华丽的修饰装潢和多余的附加物,即以少而精的原则,把室内陈设减到最少,遵循的是"少就是多,简洁就是丰富"的原则。室内陈设艺术可以少胜多,以一当十,不妨多做减法,删繁就简。简洁是当前室内陈设艺术设计中特别值得提倡的手法之一。

14. 渐变

一切生物的诞生、生长与消亡,皆在渐变。渐变是事物在量变上的增减,但其变化是按着比例逐渐增减而使其形象由小到大、由大到小的。色彩由明到暗、由暗到明;线型由粗到细、由细到粗,由曲到直、由直到曲,甚至由具象的形体到抽象的图案也属于渐变。

15. 独特

独特也称特异,意味着突破原有规律,标新立异,引人注目。在大自然中,"万绿丛中一点红",夜间群星中的明月,荒漠中的绿地都是独特的表现。独特具有比较性,它掺杂于规律性之中,程度可大可小,须适度把握。这里所讲的规律性是就重复延续和渐变近似而言的。独特是在它们当中产生的,是因相互比较而存在的。室内设计中特别推崇想象力,创造富有特色的个性化作品。

16. 景观

优美独特的景致供人观看、欣赏,被称为景观。这里说的景观是指在室内空间环境中,根据室内环境陈设风格的需要,在地面或顶棚处设计引人入胜的陈设艺术品或悬吊饰物。

景观是室内陈设中的集中点、焦点和视觉中心。它以自身的陈设魅力,给人以美妙的遐想。

17. 仿生

仿生是指运用人工手段,对自然界中的生物进行仿造,并作为装饰运用于环境设计中,甚至原样复制、以假乱真。在设计中运用仿生手法的目的在于增加生活情趣,引发人们的遐想,满足人们回归自然的愿望等。在现代设计中,越来越多的设计师开始利用现代材料及高科技加工技术,创造丰富多彩、引人入胜的理想环境。

18. 几何

造型艺术中最基本的元素是三角形、圆形和方形,即几何图形。几何图形属于抽象造型，在室内陈设设计中加以运用，能形成手法简洁、曲直变化、方圆对比、色彩明快、节奏感强的特色环境。几何造型艺术必将越来越受到人们的欢迎。

19. 色调

色彩是构成造型艺术设计的重要元素之一。各种物体因吸收和反射光的程度不同，而呈现出复杂的色彩现象，不同波长的可见光可以引起人视觉上不同的色彩感觉，并引发不同的心理感受。例如，红、橙、黄具有温暖、热烈的感觉，被称为暖色系。在室内陈设艺术中，可选用各类色调。选用不同色相决定其色调（或称基调）。色调有许多种，一般可归纳为同一色调、同类色调、邻近色调和对比色调等。在选择时，可根据环境的不同灵活把握。

20. 质感

质感也称材质肌理，是指物体表面的质感纹理。所有物体都有表面，因此，所有物体的表面均有材质肌理。肌理给人以视觉及触觉感受，如干湿、粗糙、光滑、软硬，有纹理与无纹理，有规律与无规律，有光泽和无光泽等。大自然中充满各种拥有不同材质肌理的物质，这些物质可供建筑师或室内陈设设计师选择，以满足不同特殊环境的特定要求。例如，平淡派主张不要装饰，但会在作品中大量选用材质肌理进行对比变化来丰富室内空间层次，以此营造具有较高艺术品位的空间。

21. 丰富

丰富是相对简洁而言的。这里所说的"丰富"是要在简洁中，达到丰满、多姿、精彩、有情趣的美感效果。例如，在对同种风格的把握下多加一些点缀物，在装饰处理上进行更加深入细致的描绘，就能增加环境的层次和艺术效果，留给人们深刻的印象。

第二节　室内陈设设计的分类和作用

一、按使用功能分类

（一）功能性陈设

功能性陈设又称实用性陈设，主要是指具有一定实用性和使用价值的陈设品，包括家具、灯具、家电、织物和其他日用品等。它们虽然以实用功能为主，但外观设计也有良好的装饰效果。功能性陈设重在与室内格调统一，不必追求数量多、价格高。

1. 家具

家具是室内陈设艺术的主要构成部分，在人类社会活动中扮演着重要的角色。就家具来讲，它是没有感情的，但是在与人们的生活发生联系后，它就变成了人们表达感情的工具。从家具的分类与构造上看，家具可分为两类：一类是实用性家具，包括坐卧性家具、储存性家具，如床、沙发、衣柜等；另一类是观赏性家具，包括陈设架、屏风等。从历史年代上看，家具可以分为中国传统家具、外国古典家具、近代家具和现代家具，每个时代的家具都有很多风格和样式。

家具的摆设要注意空间规划、布局以及功能使用等要求，根据家具本身的材料、结构、外观形式和功能进行选择，体现空间的风格效果，营造良好的空间氛围。以家具作为主要陈设进行室内装饰，可以体现主人的品位和文化修养。

2. 布艺

布艺渗透在室内环境设计的各个方面，包括窗帘、床罩、台布、沙发罩面和地毯等软性材料。在现代室内环境中，布艺可以柔化空间生硬的线条，营造温馨、舒适的空间，提高艺术品位，产生良好的生理、心理效应。布艺用品温暖、柔滑，可以使人的欲望得到满足，让人获得心理上的平衡。

在选择布艺样式时，设计者不但要考虑空间的尺寸和整体效果，还要考虑布艺的花色图案是否与空间协调，根据环境和季节确定。由于人的性格、知识、修养不同，对布艺用品的要求也不一样。对布艺的选择，可以反映人的性格。布艺的恰当布置，可以使空间更加舒适、随和。

无论怎么选择与布置，都要根据特定的环境进行分析。一般的布艺选择可以从三方面着手：① 有基调。使室内环境形成一个统一的整体，通常由地毯、墙布构成。② 有主调。多为家具装饰布艺所采用，使室内色彩有一个主要的色彩趋向。③ 有强调。较小、较有意义的物品，可采用与众不同的色彩、图案或质地，使室内有变化，营造气氛，如挂毯、靠垫等。

在进行室内布艺陈设设计时，设计者要认真研究社会状况，研究消费者心理，研究现代人的生活要求与心理特点，在借鉴古今中外优秀设计的基础上进行创新。

3. 电器

目前，电器逐渐成为室内空间重要的陈设之一，包括电视机、电冰箱、音响设备、电话、计算机、空调、淋浴器等。电器给人们带来各种便利，方便了人们的生活，使人们在物质和精神上得到双重享受。

电器属于高精技术产物，其工艺精美，造型富有现代感。进行电器陈设设计时，要考虑其与其他家具陈设在尺寸、造型和风格方面的协调性，考虑物理环境因素的影响。电视机的放置高度应该为 800～1000 毫米，低于人的视平线最为理想；在布置音响设备时，立体音响设备应该放置在地面上，台式音响设备应该放置在台面上；洗衣机应该放置在较为干燥的地方，以免受潮，影响正常使用。电器陈设可以结合一些小的陈设品，使室内显得更有情调。

4. 灯具

灯具是每个室内空间都必须具备的陈设品之一，空间内如果没有灯具，就像人没有眼睛。灯具除了有照明作用，还有装饰作用。在当今时代，它不仅仅是照明用具，还是美化室内的重要工具。从灯具的种类和形制来看，灯具主要有吸顶灯、吊灯、落地灯、壁灯、工艺蜡烛等。吊灯、吸顶灯属于一般照明灯具，壁灯、落地灯属于局部照明灯具。

在进行设计时，需要让灯具的造型、光色、质感与环境相协调。比如，不同类型的空间所要求的灯具亮度不同：餐厅、卧室需要柔和的光线；图书馆和商场需要明亮的光线。不同类型的空间需要不同的光色来渲染环境气氛。酒吧、餐厅大多采用暖色光；商场一般采用接近日光的日光灯；在设计酒店宴会厅时，设计师喜欢用水晶吊灯作为主要照明，因为水晶吊灯的质地让空间看起来更奢华、绚丽。从古至今，无论是国内还是国外，室内设计风格的演变都在影响灯具的造型风格。

在进行空间设计时，还应该对灯具和空间进行整体考虑。

5.书籍杂志

书籍杂志也是空间陈设品的一部分。在图书馆、写字楼等一些文化类建筑空间中，书籍杂志是很重要的陈设品。书架应该符合人体工程学，按书的尺寸随意调整。书籍通常采用立放，一般按其类型、系列或色彩来分组，有时将一本或一套书横放也会显得非常生动。在书房里，书籍和收藏品穿插布置，既实用，又可使室内增添几分书香气，显出主人的高雅情趣，调节室内气氛。

杂志通常是临时性的陈设，但由于其封面、插页构思精巧、设计新颖、色彩鲜艳，因此，杂志往往是室内书架、台面、沙发上的主要点缀物。

6.生活器皿

实用性的生活器皿包括餐具、茶具、酒具、炊具、食品盒、果盘、花瓶、竹藤编制的盛物篮等。这些陈设品各自的造型、色彩和质地有很强的装饰性，可成套陈列，也可单个陈列，营造一种浓郁的生活气息。

生活器皿的制作材料很多，如玻璃、陶瓷、金属、塑料、木材、竹子等。不同材质的物品能产生不同的装饰效果，如玻璃晶莹剔透，陶器浑厚大方，瓷器洁净细腻，金属光洁富有现代感，木材、竹子朴实自然。这些生活器皿通常可以陈列在书桌、台子、茶几及开敞式柜架上，一套形式美观且工艺考究的生活器皿可以调节人们的心情。

7.其他

除了以上详细介绍的几种陈设品之外，蔬菜瓜果、文体用品、五金工具、洗涤用品等也可以归为实用性陈设品。蔬菜瓜果具有大自然赋予的色彩、质感、形状和香气，与果盘、菜篮配合放置在台面上，会使室内增添些许轻松、自然的气息。在色彩比较单一的空间内，为了增添色彩，产生强烈的对比效果，可在台面上放一些色彩鲜艳的蔬菜瓜果。如果需要统一的色调，可选择一些同类色的蔬菜瓜果，甚至可以把果枝、菜叶也摆放出来，以增加气氛。

文体用品包括文具用品、乐器、体育器械、健身器材等。作为陈设品的文具用品在室内书房里比较常见，如笔架、文具盒、记事本等，可以突出主人的爱好和空间主题。

（二）装饰性陈设

装饰性陈设又称观赏性陈设，是指本身没有实用价值，纯粹用来观赏的装饰品，主要包括工艺品、美术品、收藏品和观赏性动植物等。工艺品的格调高雅、造型优美，能使空间产生高雅的艺术气氛。个人收藏品最能体现一个人的性格和爱好，拥有一种这样的空间环境会使人们更加热爱生活。

1. 工艺品

工艺品具有独特的艺术表现形式，可以展现独特的魅力。工艺品的摆放，会在不经意间流露出人们对生活的态度。工艺品有很多，包括水晶制品、玻璃制品、金属制品、陶瓷制品、植物编织制品、玉石雕刻品等。很多工艺品都具有一定的文化性和历史性。我国民间的工艺品也有很多，如剪纸、风筝等，都有浓厚的地域气息。

工艺品的选择要从室内设计的需要出发，要与整个室内装修的风格相协调，体现设计主题。不同种类的工艺品在摆放陈列时要注意其摆放的位置，注意其大小、高低、疏密、色彩，随意填充和堆砌会产生凌乱的感觉。布置有序的艺术品会给人一种节奏感，就像音乐的旋律一样给人美的享受。

2. 美术品和收藏品

美术品和收藏品包括书法、绘画、摄影作品、雕塑、纪念品、古玩、民间工艺品等具有观赏性和收藏价值的物品。美术品和收藏品并非室内环境的必要陈设品，它们的造型和色彩可以美化环境，陶冶人的性情，还可以体现个人的兴趣、修养和爱好。作为空间的陈设品，很多美术品和收藏品都具有一定的主题含义，能很好地表现空间的主题或者烘托气氛，所以在选择时应该注意保持与房间的风格统一，若搭配不当，就会影响装饰设计风格和室内整体的协调。例如，在选择装饰画时，要考虑装修和主体家具的风格，同一环境中的风格最好一样，否则就会显得杂乱，甚至不伦不类。

如果某一件美术品或者收藏品很有吸引力，则可以将它布置在引人注目的位置，用局部光加以强调，增强它的感染力。

3. 观赏性动植物

常见的观赏动物有鸟、鱼，在室内陈列适当的观赏动物能让室内空间变得生动活泼。

观赏植物的种类则非常多，是适合任何装饰风格的陈设品，既经济又美观。植物是不断生长、变化的有生命的东西，能给平常的室内环境带来大自然的气息，但要注意南北方气候的不同和植物的特性。在室内放置不同的植物时，应对空间进行适当的设计，从而化解不利因素。

动植物类陈设有的还能代表主人的文化素养和审美观。例如，盆景运用不同的植物和山石作为基本素材，讲究意境的创造，经过艺术加工形成微观景观，给人以联想，盆景中蕴含着中国的传统文化和独特的审美情趣。

二、按空间环境分类

（一）共享空间的陈设

共享空间一般指公共环境中的大堂、大厅、多功能厅、四季厅等规模较大的空间。这些空间的地面根据区域划分，可选择不同材料的纹理和图案，这些都是构成共享空间的主要景观。墙面的陈设设计，在共享空间中应用较为广泛，在重点墙面、服务台背景墙面，甚至整面墙上都可以大做文章。可选用多种题材进行装饰，如具象的人物绘画、浅浮雕的巨幅壁饰、数块织物抽象软雕塑，以及整面墙的山水画等。总之，共享空间的陈设设计应该简洁、大方、独特，讲究气势，符合多数人的审美，有较强的吸引力。

（二）私密空间的陈设

私密空间和共享空间相反，是为少数人甚至是个人提供的休息空间。私密空间陈设设计，应该抓住要点，围绕私密性、个别性、舒适性的特点，塑造温馨的氛围,营造让人感觉像是回到家里一样的理想环境。私密空间的陈设设计,以织物为主要陈设手段。由于织物在室内的覆盖面积大,因此对室内的气氛、格调、意境等有很大影响。织物具有柔软的特性,触感舒适,所以能有效地增加舒适感,如双层、三层的落地窗帘,可以使"客房"或"卧室"具有很强的私密性。在卧室中大量使用织物,易于创造柔和、舒适的私密空间。室内织物的材质、颜色多种多样,工艺手段千变万化,是私密空间陈设设计的重要手段。在一些公用空间内,软性材料可能只是作为点缀性、缓冲性陈设出现;至于私密空间,则几乎全部以软性材料为主题,塑造出居室应有的温馨的感觉。

（三）餐饮空间的陈设

室内陈设艺术设计按餐饮空间分类,可分为以下五种:

1. 宴会厅的陈设

宴会厅的环境陈设设计,一定要讲究气势,营造富丽、华贵、明亮、热烈的氛围,多数在顶棚上采用多种设计风格,以多种空间造型层次与豪华的吸顶灯作为重点陈设。

2. 中餐厅的陈设

中餐厅的环境陈设设计以中国传统风格为基调,结合中国传统建筑构件,如斗拱、红漆柱、雕梁画栋、沥粉彩画等,经过提炼后塑造出庄严、典雅、敦厚、方正的陈设效果,同时通过摆放题字、书法、绘画、器物等,呈现出高雅脱俗的境界。此外,巧用中式百宝阁、大红灯笼,以及传统风景古香缎,也能呈现出浓郁的中国传统风格。

3. 西餐厅的陈设

西餐厅的环境陈设设计要讲究气势、富丽,常以西方传统建筑模式,如古老的柱饰、门窗、优美的铸铁工艺、漂亮的彩绘玻璃及现代派绘画、现代雕塑等作为主要陈设内容,并且常常搭配钢琴、烛台、桌布、豪华餐具等,呈现出安静、舒适、宁静的环境气氛。

4. 快餐厅的陈设

快餐厅重在一个"快"字,用餐者不会在此处过多停留,更不会对周围景致用心观看、细细品味,所以陈设艺术的手段也以粗线条、快节奏、明快色彩、简洁的色块装饰为佳。用餐人流动较多,一定要在区域的划分上、矮隔断上、墙壁的装饰上、家具式样上多下功夫。这里所说的下功夫，不是指多加装饰花纹，而是要通过单纯的色彩对比、几何形体的空间塑造、整体环境层次的丰富等，达到理想的效果。把快餐厅分割成几个不同的区域，空间将更有人情味，会使用餐环境更加时尚，摆脱过去快餐厅简单、单调、粗俗的形式。快餐厅应使用易清洁、耐脏、精致、既美观又耐用的地砖。

5. 风味餐厅的陈设

风味餐厅的陈设设计比较复杂，要根据地方特点、配餐需求等合理设置，如有的需设海鲜柜台、熟食柜台，有地方节目演出的餐厅还需设小舞台等。

陈设艺术方面的构想很重要，好的构思意味着设计成功了一半，设计师应熟悉风味餐饮的特点，抓住地方风土人情，配合当地绘画、图案、雕塑、陶瓷器、特制趣味灯饰等进行安排。总之，构思新颖独特，对各类物件进行巧妙安排，有利于给就餐者留下深刻美好的回忆。

（三）购物空间的陈设

购物空间环境是指大型商场、自选商场、百货店、金店、钟表店、眼镜店、服装店、鞋帽店、化妆品专卖店等。购物环境的陈设宗旨是"突出商品"，这是进行设计时要首先认真思考、坚决照办的宗旨。同时，也要考虑各类商品的品质，如金店要突出金饰品的高贵、华丽、精致；而服装店里商品的陈列，往往要根据不同的服装款式，采取多方位展示。

在进行陈设设计时，要发挥奇思妙想，巧妙布局，从整体上进行把握。商场陈设效果的好坏会直接影响商场的经济效益和企业形象，因此，商场应配置专门的陈设设计工作者指导现场工作。

第三节　室内陈设的布置

一、室内陈设布置的基本原则

（一）必须服从建筑设计和室内设计的整体构思

室内设计是在满足使用功能要求的前提下，对室内空间及各类陈设的形态、色彩、材质及光线进行创造与组合。为了达到风格统一的目的，无论是室内装饰，还是陈设物品的布置，都需要考虑它们相互之间的关系，并发挥它们各自的优势，共同创造高实用性、高舒适度、高精神境界的室内环境。陈设物品的选择与配置的关键在于它们是否与环境协调，是否为环境增添色彩。

（二）必须考虑室内陈设物品自身的特点

实用性：室内陈设物品有精神层面的烘托作用，但更多的是要体现其自身的使用功能。

技术性：陈设物品的技术性体现在表现科技的进步或工艺的精湛等方面。

经济性：陈设物品要以少胜多，要选取有价值、有意义的物品来陈列于空间环境中，表达空间的性质和美化空间。

美观性：陈设物品必须具有美感，能反映时代和地域特色，并能表述文化追求。

协调性：陈设物品必须注重整体效果与局部细节的关系，局部服从全局。

安全性：一方面是指陈设物品本身必须是安全可靠的，另一方面是指对陈设物品的保护措施。

环保性：陈设物品不应该对空气质量和环境卫生产生有害影响，不应该有危害人身心健康的噪音、眩光及放射线等。

（三）陈设物品的布置要强调与空间整体关系的合理性

陈设物品的布置要有主次之分，能丰富空间的景观层次，表达设计思想。陈设物品的布置要主次分明、重点突出。反映主题思想的陈设物品应位于比较重要的位置，并加以重点处理，其余的陈设物品仅仅起衬托和协调的作用。

二、室内陈设物品的选择

（一）陈设物品风格的选择

陈设物品风格的选择必须以室内整体风格作为依据去寻求适宜的格调，应尽可能将各种风格的陈设物品有序地组织起来或者在某些方面（造型、尺度、色彩、材质等）取得协调，以保证视觉上第一印象的和谐。

（二）陈设物品形态的选择

1. 造型

陈设物品造型的选择一般采用与可视形态适度对比的方式，陈设物品的大小、高低、线形曲直等因素需要仔细斟酌。

2. 色调

色调是陈设物品自身呈现或外在附着的色彩。陈设物品的色调选择是十分重要的，它对室内环境的装点和强化起着很大的作用。

（1）背景色彩

背景色彩指室内固有的天花板、墙壁、门窗、地板等建筑设施的大面积色彩。这部分色彩宜采用低彩度的沉静色彩，使其发挥背景色的衬托作用。

（2）主体色彩

主体色彩指可以移动的家具、织物等中等面积的色彩。它与背景色彩或协调，或形成对比。

（3）点缀色彩

点缀色彩指室内环境中最易变化的小面积色彩。往往采用最为突出的强烈色彩以构成对比，形成视觉中心，并使室内色彩气氛更加生动活泼。

3.材质

材质直接与材料相关，陈设物品材质的选择就是物品纹理、质地的选择。

三、室内陈设物品的布置

（一）室内陈设物品的主要陈设方式

墙面陈列需考虑以下因素：① 陈设物品与墙面的关系；② 墙面陈设物品的构图应考虑与周围物体（如家具）关系的均衡性；③ 墙面陈设物品的陈设可采用对称式构图或非对称式构图；④ 要仔细推敲物品在整个空间构图中的摆放是否均衡，轻重关系是否恰当。

台面陈列需考虑以下因素：① 台面陈设必须满足客户使用方便的要求；② 台面陈列布局要灵活，构图要均衡，要符合艺术规律；③ 台面陈列要与周围环境融合，如陈列物品陈列于台面上时，要与墙面、家具以及其他装饰品保持协调的关系。

橱架的陈列需考虑以下因素：① 橱架的造型、风格要与室内整体环境及陈设物品保持协调关系；② 陈设物品摆放的数量要根据橱架空间的大小而定，不可过多、过杂。

空中悬吊陈列常被用于公共空间，如旅馆、购物中心、商务中心等较大型建筑的中庭或大厅等。

（二）陈设物品的视觉因素

1.陈设物品的视觉感知

陈设物品本身的视觉感知有易感知、不易感知和一般感知之分。

陈设物品在空间中的视觉感知不仅要考虑陈设物品本身的视觉因素，还要考虑陈设物品在空间中的视觉因素，考虑陈设物品与空间的关系。

2.观赏者的视觉规律

第一，视觉扫描。一般先正面、后两侧，先近处、后远处，先视平线位置、后上下位置。

第二，视觉凝视。在室内设计中，如果要强化某一界面或某一空间的视觉感知度，就应该强化该界面上或该空间中的陈设物品的视觉感知。

（三）陈设物品布置的构图

按陈设物品的方式分类：① 规则式构图；② 不规则式构图。

按陈设物品的布置中心数量分类：① 一个中心式构图；② 多个中心式构图。

（四）陈设物品布置的构景

不同空间位置中陈设物品的构图效果：① 布置在视线的汇集处；② 布置在平面的中轴线上；③ 布置在平面的中轴线两侧；④ 布置在平面转折的阴角处；⑤ 布置在平面、立面的起伏处；⑥ 布置在空间的过渡处；⑦ 布置在异形空间中；⑧ 布置在给人感觉空旷的界面上。

不同视觉下陈设物品的构景要求：① 视距越长则视野越大，对物象的感觉就越模糊；视距越短则视野越小，而对物象的感觉就越清晰。② 人的垂直视角可分为平视、仰视、俯视三种状况。处于平视视角的物体容易产生平和、宁静的效果；俯视物体容易让人产生自满的情绪；仰视视角的物体容易产生崇高、向上的效果。

第七章　室内绿化装饰设计艺术

第一节　室内绿化装饰概述

一、室内绿化装饰的概念及范围

（一）室内绿化装饰的概念

室内绿化装饰也称室内园艺，是指一种以自然界中的绿色植物为主要材料，以一定的科学和艺术规律为指导，来装饰室内空间的方式，目的是给人们创造一种清新、宁静、温馨并富有大自然气息的学习、工作和生活的空间环境。室内装饰是建筑装饰的一部分，完全从属于建筑艺术的统一要求。近年来，室内绿化已发展成为室内景观设计，并正在成为建筑学的一个分支学科。

室内绿化装饰仅仅是室内装饰的一个组成部分，它是利用植物，在建筑设计和园林设计所提供的各种可供装饰的地点和可供利用的装饰手段的基础上，与室内空间协调配合，创造一种优美、舒适、雅致、实用的，既具有某种艺术气息，又能满足人们审美要求的生活环境，也就是创造一种具有美学感染力并充满自然风情的室内环境，从而缩短人与自然的距离，满足人们亲近自然的需求。

（二）室内绿化装饰的范围

从狭义上讲，室内绿化装饰往往是在建筑景观、室内装潢完成之后，根据所要装饰的对象的具体情况来构思、设计，并进行绿色植物的布置和施工。同时，室内绿化装饰还具有相当程度的可改变性和可移动性，可根据不同情况和要求来改变装饰的方式方法，也可以为满足某种特别的需要而提供新的装饰方式或营造某种气氛，如会议、宴会的现场花艺布置，中国传统节日的室内绿化与美化。

从广义上讲，室内绿化装饰可被理解为围合的六面体的植物配置，是室内、室外之间的互相补充、交错，特别是在采用了高强度的金属框架和大面积透光性很强的玻璃的基础上。这样，从广义上讲，室内绿化装饰的内容包括以下五个方面：室内庭院、室内花园、屋顶绿化、室内固定的绿化装饰和室内不固定的绿化装饰。

1. 室内庭院

室内庭院就是在室内空间内建造类似室外的园林景观。室内庭院的自然采光可从顶部、侧面或顶、侧双面采光。室内庭院的规模大小不一，形式多样，甚至可见缝插针式地安排于各厅室之中或厅室之侧。在传统住宅中，这样的庭院除观赏外，有时还能容纳一两个人游憩其中，成为别有一番滋味的小天地。室内庭院的内容可简可繁，规模可大可小，应结合具体情况，因地制宜地进行设计。这种庭院往往带有玻璃顶棚和空调，与一般的室外庭院相比，其装饰性更强，在这种情况下，绿化只是一种对环境的补充和调剂。由于这种室内庭院空间宽敞，采光方便，因而可从多角度进行装饰，如沿垂直方向悬吊吊金钱、常春藤、蔓长春等（用于跃层绿化装饰），栓及栏杆的装饰，结合建筑小品、水池、假山等陈设，大量盆栽，台架及器具之上配置插花等。总之，使空间在允许的条件下尽量自然化。

2. 室内花园

室内花园指某种室内仅供静观的小面积园林性绿化装饰。这是一种更富装饰意味的室内绿化装饰形式，常采用人工照明的方式增加植物的观赏性。绿化装饰的形式以构造巧妙取胜，并尽量突出装饰主题，组景精致，常以石景、沙漠风情及水景与姿态优美的植物相配合，辅以题刻、对联。这种类似古典园林的做法的艺术观赏价值较高。

3. 屋顶绿化

屋顶绿化是指在各类建筑物的屋顶、露台、天台、墙面等开辟绿化场地，种植花草树木，并使之具有园林艺术的感染力。屋顶绿化对增加城市绿地面积，改善日趋恶化的人类生存环境，改善由城市高楼大厦林立、道路众多的硬质铺装导致的日趋严重的热岛效应，开拓人类绿化空间，建造绿色城市，以及美化城市环境，改善生态效应等有着极其重要的作用。

4. 室内固定的绿化装饰

室内固定的绿化装饰，是指建筑完工之后，预留需要进行绿化装饰的部分，如阳台、花池、室内棚架、装饰性隔断、栅栏等。这种绿化装饰通常在植物定植后便不再随意改变，只进行日常维持养护。

5. 室内不固定的绿化装饰

室内不固定的绿化装饰，指需要经常更换绿化材料和方法的绿化装饰，如室内花坛、盆花、盆景陈设、插花等。这类装饰需要定期更换材料来改变室内绿化装饰形式，并需要对绿化植物进行定期养护。

二、室内绿化装饰的作用和功能

室内植物作为装饰性的陈设，比其他任何陈设更具生机和魅力，它可以弥补大部分室内装修所带来的缺陷，使整个内部空间趋于协调。因此，我们称绿化植物为"万能的装饰物"，但植物的种类、株型、颜色等元素要搭配好。

（一）美学功能

室内绿化装饰的美化作用主要通过两个方面来体现：一是植物本身所具有的形态、色彩美，包括植物的株型、花型、叶型、色彩、香味、季相、风韵等；二是通过植物与室内环境的恰当组合和有序配置，从色彩、形态、质感等方面产生鲜明的对比，从而形成优美、协调的环境。植物的自然形态可以打破室内装饰线条的呆板与生硬，通过植物补充色彩，美化空间，使室内空间充满生机。花草树木本身就是自然的线条，或柔和，或劲拙。例如，直立型的朱蕉、龙血树、垂叶榕、南洋杉等摆放在沙发两侧或大空间的拐角，就像站岗的士兵；丛生的仙客来、竹芋、蝴蝶兰像天真的孩童；微风中的蔓生黄金葛、薛荔、常春藤、吊兰、蔓长春等既有杨柳的风姿，也有其独特的形态美。

植物的各个部分具有各种不同的美丽色彩，如花、叶、果、枝、皮均有自己特别的颜色。利用植物的自然色彩装点室内空间，辅以灯光效果，那种自然的雅韵，不是墙壁和家具的色彩所能取代的。植物也有发芽、抽枝、展叶、开花、结果等生物节律，这些不同的阶段所构成的不仅是一种生命的韵律，也是一幅动态的色彩变化图。春季，百花盛开，众芳争艳，应选择色彩鲜艳或生长量特别大的植物，给人以轻松、活泼、生机盎然的感受；夏季，清逸淡雅，明净轻快，适合选用冷色的花卉，给人以清凉的感觉，如晚香玉、旱金莲、葱莲、扶桑、石蒜、荷花、姜花、栀子、米兰等；秋季是金色的季节，可以选用红、橙、黄等明艳的花卉和果实，给人留下丰收、兴旺的遐想，如如火的枫叶、金黄的银杏叶等；冬季常伴随着冰霜、严寒，故应选用一品红、水仙、腊梅、银芽柳、南天竹或鲜艳的年宵花卉，让人感受到迎风傲雪的勃勃生机，给人以万花纷谢却仍有芳菲可觅的感觉。另外，在室内空间的任何一个角落，在装修出现瑕疵或不愿示人的地方，无论大小，均可选用相应的植物材料将其遮挡。此时，植物可承担万能装饰物的功能，但要选择具有与环境相适应的美学特征和生长发育条件的装饰植物。

（二）改善空间环境，净化室内空气

在传统的室内设计中，人们认为植物仅仅可以为宽敞的室内空间带来色彩质感和生气，从而增加居室的美感。在现代室内设计中，人们逐渐认识到植物在减少污染、改善环境、提高室内空气质量等方面的作用。室内绿化植物具有相当重要的生态功能，良好的室内绿化能净化室内空气，调节室内温度与湿度，有利于人们的身体健康。植物进行光合作用时蒸发水分，吸收二氧化碳，排放氧气。因此，室内具有观赏价值的植物同时还具有一定的调节室内温度和湿度的功能。另外，外墙上植物茂密的枝叶可遮挡阳光，起到遮阳和调节室内温度的作用。部分室内植物还可吸收有害气体。

（三）调节心情，减轻压力

经济的高速发展，使建筑物形体日趋高大，人们居住和办公环境的现代化是社会现代化的标志之一。现代生活又是以高效率、高速度、高节奏为特征的，随着现代化进程的加速，人们在室内生活的时间多于在室外活动的时间，脑力劳动的比重不断增加，远离自然的速度也在加剧，因而精神上长期处于兴奋和激动状态。所有这一切都强化了人们对绿色自然的追求和向往，许多体现绿色生活的口号应运而生，如"花园城市""花园小区""城市发展与自然共存""生态园林城市"等。

（四）陶冶情操，提高艺术修养

现代人的大部分时间是在室内度过的。家、办公室、饭店等室内环境封闭而单调，会使人们失去与大自然亲近的机会，使人的精神压力不断增加。城市生活的喧闹，使人们更加渴望生活的宁静与和谐，而这样的愿望可以通过室内绿化来实现。

随着人类文明的进步和社会的发展，人们的情感可以通过花的语言来沟通，如七夕节时，恋人之间用玫瑰花传情达意；母亲节时康乃馨的热销，也已说明了我们可用另外一种方式来表达对母亲的感激之情。只要人有意，花卉就有情。人们通过植物的形象和生物学特点寄托自己的感情和意志。例如，梅、兰、竹、菊被喻为"花中四君子"，松、竹、梅被称为"岁寒三友"，梅疏影横斜，清香雅韵；兰清高圣洁，香气清幽；竹刚直不阿，高风亮节；菊飘逸潇洒，孤傲不惧。这种人格化了的植物使得东方庭院更具诗情画意，更具含蓄的意境美，这也是室内绿化装饰设计充分发挥和展示其作用的地方。

（五）改善空间结构

花卉植物在空间内的摆放方式不同，空间组织也会形成不同的结构，如单株摆放可起到画龙点睛的作用；多株排列就像屏风一样将大空间加以分割；在处理空间死角上，花卉植物又起到了"万能装饰物"的功能。

1. 连接室内外空间的过渡和延伸

建筑物入口及门厅的植物景观可以作为从外部空间进入建筑内部空间的

121

一种自然过渡和延伸。想要发挥这种作用时，可在入口处设置盆栽植物或搭建花棚，也可在门廊的顶棚上或墙上悬吊植物，还可在进厅等处布置花卉树木，这些都能使人从室外进入建筑内部时有一种自然的过渡和连续感。还可以采用借景法，即通过玻璃窗等透明物，将室外的景观通过视觉"借"入室内，使室内、室外的绿化景观互相渗透、融合。室内的餐厅、客厅等大空间常透过落地玻璃窗，将外部的植物景观渗透进来，作为室内的借鉴，这样做可以扩大室内的空间感，给枯燥的室内空间带来一派生机。

2. 分隔和充实空间

在一些空间比较大的场所，如宾馆、饭店的大堂，或是现代家庭别墅中的客厅，可以通过盆花的摆放方式、花池的设置、绿色屏风、绿色垂帘等方法来划定界线，分隔成有一定透漏，又略有隐蔽的空间。要做出似隔非隔、相互交融的效果，使原本功能单一的空间具有不同的功能，提高空间利用率。例如，在商场的某个角落，在数株高大的垂叶榕下设置供顾客休息的餐桌、座椅；在熙熙攘攘的商业环境中，辟出一块供人们休息的幽静场所；在酒吧、茶馆等娱乐场所，用高大的绿色植物将各组座位加以分隔，创造出环境幽雅、宁静、各自独立的私密空间。

3. 空间的提示和指向

由于室内绿化具有观赏的特点，能强烈吸引人们的注意力，因而常能巧妙、含蓄地起到划分和指向作用，是无字的指示牌。比如，在建筑物的出入口处、不同功能区的过渡处、走廊楼梯的转折处、台阶的起始点等位置可以摆放观赏性强、体量较大的植物，引起人们的注意，也可用植物做屏障来阻止错误的导向，使人不自觉地随着植物布置的路线行进，让无声的植物起到提示和引导的作用。

4. 处理空间死角

在室内装饰布置中，常常会遇到一些不好处理的死角，利用植物来装点往往会收到意想不到的效果。例如，在楼梯下部的拐角或清洁工具房门口等处摆放与周围环境协调的耐阴植物，家具的转角或上方用垂吊植物的枝蔓处理，使这些空间焕然一新。

5. 构架独立的立体空间

现代建筑室内大多是由直线和板块所构成的几何体，给人生硬、冷漠的感觉。利用植物特有的曲线，可改善空旷和生硬的感觉，而给人亲切感。比如，在拐角处摆放中等高度的绿色植物、在大空间处设置室内庭院，均可减少拐角和屋顶的生硬感。

第二节　室内绿化装饰的原则与类型

一、室内绿化装饰的原则

室内绿化装饰是一项具有较高美学价值和科学价值的艺术创作。它不是对植物的简单堆砌，而是要利用植物将室内空间布置成既适合人居住，又适合植物生长发育的生态空间。因此，在进行室内绿化装饰时，要充分运用美学原理进行合理的设计与布置，创造出美丽、优雅、舒适的形式和氛围，以愉悦人们的身心。在这一过程中，要遵守生态性原则、艺术性原则和文化性原则。

（一）生态性原则

在进行室内绿化装饰时，首先要做的是结合室内空间的大小、功能、必要装饰处的多少，按照生态性原则，将植物摆放在适宜其生长的位置，让其充分展现出应有的姿态。这样才能通过室内绿化装饰创造生态型的室内景观，为居住者创造一个合适的生态性空间，实现既经济实用又美观的目标。

1.合理装饰，摆放生态适宜的植物

为了创造生态性室内空间，首先应考虑的是光照问题，它是植物在室内生长的主要限制因素。在自然光下，除南窗一天有两小时左右的直射光外，多数为散射光。因此，一些中性或阴性植物可用于装饰室内的多数空间。

开花植物和彩叶植物，如朱顶红、马蹄莲、荷包花、石榴、白兰、龙血树、鱼尾葵、椰子、观音竹等，适宜装饰南向窗户及其附近空间。充足的光照可促进植物正常生长并保持长时间良好的观赏性，但开花后则应移至较阴处，这样可延长花期。多数观叶植物，如吊兰、豆瓣绿、绿萝、花叶常春藤、散尾葵、南洋杉等，喜欢半阴环境，可用来装饰多数室内空间。在极阴的角落、通道、拐角等处，应用耐阴的植物来装饰，如万年青、叶兰、八角金盘、棕竹君子兰、秋海棠、常春藤和部分蕨类植物等，且应经常更换并进行出室复壮，以保持叶色、叶型正常，植株健康，从而保证其最佳观赏性。

影响室内绿化装饰生态性表现的另一个限制因素是温度。在人们经常活动的室内，春、夏、秋季常常影响不大，多数植物可以选用。冬季的室内则应视条件而定。例如，宾馆室内温度变化幅度不大，多数植物都能适应；商场、银行及办公楼等室内，短时间的低温也不会造成多数室内植物的受冻，但高温型室内植物不适合装饰在低温的空间内。环境较为阴冷的房间只能用耐寒植物来装饰，能忍受 $0 \sim 5\,℃$ 低温的植物包括橡皮树、棕榈、柑橘、天门冬、紫露草、冷水花等。

室内空气湿度也是影响室内植物生态性表现的限制因素。人体感觉适宜的空气湿度为 $40\% \sim 60\%$，而适宜多数用于室内绿化装饰的植物生长的空气湿度为 $60\% \sim 80\%$。对于特定的空间环境或固定栽植植物的景观空间，可通过植物组景或配置喷泉，来调节植物附近空间的空气湿度。对特别干燥的空调房间或在干燥的季节，可用对空气湿度要求较低的植物来装饰室内空间，如橡皮树、人参榕、苏铁、五针松、吊兰、文竹、天门冬等，或采用人工加湿的方法来调节室内湿度。

2. 根据室内空间条件正确摆放植物

要根据室内空间的功能要求及视线位置正确摆放装饰植物。一般以不遮挡和分散视线为宜，入口处以不堵塞通行为宜，小空间和高位的绿化装饰还要考虑使用的实用性。客厅、餐厅、卧室、厨房、卫生间阳台、工作室、办公室、酒店大堂、宴会厅、会场、会展、商场等场所是进行室内绿化装饰的重点场所，因其使用功能不同，植物摆放的要求有较大差别。例如，客厅、酒店大堂等人流活动多的地方，要求突出热烈、有生气、有品位等主题和氛围，所用植物数量多且色彩亮丽，布置方式和层次多样而有序；图书馆和书店等供人休息、学习的空间，需要体现安静、舒适的氛围，摆放的植物要少而精、色彩素雅。

植物的摆放位置应从实用的角度考虑，以植物的平面位置和高度为主要标准，如小空间里不放大植物，高空间里多用垂吊植物等。餐桌、茶几上适合摆放枝叶小而密的植物，高度以不超过人落座后的平视高度为宜。吊挂装饰可增加空间的立体感，应以自然放松仰视的高度为宜。

（二）艺术性原则

室内绿化装饰最直接的目的之一就是创造艺术美，如果没有美感就根本谈不上装饰。因此，必须依照美学的原理，通过艺术设计，明确主题，合理布局，分清层次，协调形状和色彩能收到清新明朗的艺术效果，将植物自然地与装饰艺术结合在一起。为体现室内绿化装饰的艺术美，必须通过形式的合理配合才能达到，主要表现在整体构图、色彩搭配、形式的组合上。

1. 形式多样，主次分明，遵循多样统一的原则

植物的颜色和形态是室内装饰的第一特性。在进行室内绿化装饰时，要依据各种植物的颜色和形态，选择合适的摆设形式和位置，如植物的形态、色彩、线条、质地及比例都要有一定的差异和变化，显示多样性；但又要使它们之间保持一定相似性，形成统一感，这样既生动活泼又和谐统一。例如，悬垂植物宜置于高台花架、柜橱或吊挂在高处，自然悬垂、色彩斑斓的植物宜置于低矮的台架上，便于欣赏其艳丽的色彩；而对于直立型和造型规则的植物，宜摆在视线集中的位置。因此，掌握在统一中求变化、在变化中求统一的原则是进行室内绿化装饰的基本要求。

2. 比例适当

比例是设计和构图要素间的相互关系，比例适当显得真实、有美感，给人以愉快和舒适的感觉；反之，则会给人压迫感。在室内绿化装饰中，比例主要是植物与房间、植物与花盆、植物与植物、植物与摆放的位置等方面的比例关系，即植物的形态、规格要与其所摆放空间的大小相配套。比如，空间大的位置可选用大型植株及大叶植物，以利于植物与空间的协调；小型居室或茶几案头只能摆放矮小植株或小盆花木，这样会显得整体风格优雅得体。

3. 布局均衡

在室内植物绿化组景中，需要有虚拟或真实的轴线，使设计给人的视觉具有均衡感。人们的视觉总是在寻找平衡，在具有强烈个性的植物旁边，应该设

置相应的均衡物。在一定视线范围内，将不同形状、色泽的植物体按照美学的观念组成一系列和谐的景观，使人感觉真实和舒适，并能感受到艺术的美感。布局均衡包括对称均衡和不对称均衡两种形式。对称均衡即镜像对称，是简单的方法，可以产生均衡感，给人以庄严肃穆之感。

在进行正规场合的室内植物装饰时，多采用对称均衡的形式，即以某条线或某个点为中心在两边布置相同大小、种类的植物，如在走道、会场两侧摆上同样品种和同一规格的花卉，显得规则整齐、庄重严肃，与使用目的相吻合。

多数休闲娱乐场所、家庭等非正式空间的绿化装饰常采用不对称均衡，即在轴线两侧布置形体不同的花卉，但通过植物的高度、叶片的大小和形状，以及色彩等方面的协调，最终给人以均衡的感觉。

在以自然为主的庭院绿化中，采用不对称式均衡，如色彩浓重、体形庞大、数量繁多、质地粗厚、枝叶茂密的植物，会给人以庄重的感觉；相反，色彩素淡、体形小巧、数量简少、质地细柔、枝叶疏朗的植物，则给人以轻盈的感觉。

4.色彩协调

室内绿化装饰的植物颜色的选择要根据室内的色彩状况而定。例如，用叶色深沉的室内观叶植物或颜色艳丽的花卉进行布置时，背景底色常用淡色调或亮色调，以突出立体感；室内光线不足、底色较深时，宜选用色彩鲜艳或淡绿色、黄白色的浅色花卉，以取得理想的衬托效果。陈设的植物也应与家具色彩相互衬托，在底色较深的柜台、案头上摆放清新淡雅的植物，可以提高花卉色彩的明亮度。

（三）文化性原则

文化性是一个抽象的概念，是一种精神和意境的体现，选择与室内装饰风格相协调并具有一定含义的植物、可以体现空间环境的意境美，表达主人的文化内涵。

1.体现室内建筑及装饰文化

室内绿化装饰从属于室内建筑装饰的整体风格。而不同植物具有各自独特的姿态和气质，有的形态小巧，俏皮可爱；有的造型别致，苍劲粗犷；有的色彩鲜艳，热情奔放；有的细致清秀，简约淡雅。

如果室内装修是简洁明快的现代风格，则应选择颜色鲜艳的观叶植物，如以彩叶芋、万年青、紫罗兰等为主，配以少量的现代花艺、盆景作为装饰。

如果室内装修突出自然特色，植物选择就应充分运用野生观赏植物、蔬菜瓜果、干花、干枝，以及东方或现代自然式插花，采用点式布置或不对称均衡布置的手法；也可与山石、水体结合，形成庭院式景观；容器也宜使用自然材料，可以是木质花盆、藤编吊篮，也可以是陶罐、瓦钵。

如果室内装饰风格是中国传统式的，就应把美学建立在"意境"的基础上。讲究诗情画意，表现内涵深邃的意境，应选择具有中国传统内涵的植物，如梅花、君子兰、国兰、观赏竹，以及盆景和中式插花，栽培器皿（多以套盆的形式）也应以具有中国传统特色的紫砂陶器和青花、粉彩瓷器为主。

2. 体现地域文化

随着旅游文化的不断发展，各地都有展现各地风土文化的建筑、宾馆等场所，其室内绿化装饰在与建筑相协调的同时，还要展现地方风土人情，体现独具特色的旅游文化。江南水乡、沿海地区的渔村、云南傣族的竹楼、黄河沿岸的窑洞、内蒙古草原的蒙古包等，均是地域文化的体现。在进行室内绿化装饰时，同样应以展现地域文化为主，尽量采用推窗见景的手法，将大自然的风情融入室内。

3. 体现特色主题文化

室内绿化装饰能强烈地烘托环境气氛。在进行室内绿化装饰时，可以通过植物组景来表达装饰空间所要表现的主题思想，体现主题文化。例如，为公司布置临时会场时，可将该公司的主题标志或主要产品外形以花艺的形式展现出来，通过绿化装饰体现该公司的主题文化。

二、室内绿化装饰的类型

（一）垂吊

1. 垂吊的特点

垂吊也称悬挂、悬吊、吊篮等，即在质地轻巧的盆、篮或盂等容器中装入轻质人工基质，种植蔓生或藤本花卉，用绳索将其悬吊于室内空中，使植物的枝叶垂挂下来，达到绿化和美化的装饰效果。用垂吊花卉进行室内装饰，既丰富了室内空中环境的层次，又可增加主体景观，是一种非常灵活有趣的装饰方法。许多垂吊花卉有气生根，适应能力强，容易繁殖，便于管理。

2. 垂吊的组成

一幅完整的垂吊作品是由吊具、基质、垂吊花卉及吊挂位置四个部分构成的，使四个部分融为一体，才能显示出整体的艺术美。

（1）吊具

吊具（吊篮、吊盆）应选择质地轻巧、透气性好、牢固耐腐、外表美观的器具。目前，市场上可供垂吊用的吊具种类繁多，常见的有塑料盆、藤制盆、竹编盆、果壳盆及金属丝编成的篮筐等。为减轻垂吊盆栽的整体重量，吊绳一定要选用质地轻且坚韧的材料，常用的有塑料吊绳、金属链、尼龙丝、麻绳等。无论选择哪一种吊绳，都要考虑它的承重能力，以便能延长观赏时间。吊绳还要在大小、质地、色彩、形态上与盆具及植物相协调。

（2）基质

垂吊花卉悬挂于空中或壁面上，为了减轻支点的负荷，所用的培养土必须轻盈。同时，垂吊花卉悬于空中，易受风吹袭，盆土易干燥，因此，栽培基质除具有固定植株根系、支撑植株、提供植物所需营养等多种功能外，还需具备轻质疏松、透气保肥、排水良好、营养丰富等特点。常见的基质有苔藓、蛭石、锯末、树皮、蚯蚓土、珍珠岩、泥炭土等。通常用两种或两种以上的基质按一定比例混合配置，可以弥补使用单一基质产生的缺陷。

（3）垂吊花卉

垂吊花卉常放置于居室的立面，位于人的视线以上，以仰视观赏为主，因此，选择以枝叶下垂的藤本植物或叶形小、向下开花、色彩变化协调的植物比较合适，如长春花、吊兰、常春藤、旱金莲、樱草、小番茄、草莓、倒挂金钟、蟹爪兰、鸭跖草、大花马齿苋等。有些枝茎细软、花色艳丽、花期长、直立生长的花卉植物也可用作垂吊观赏，如矮牵牛、四季海棠、孔雀草、一色堇等。可利用这些花卉生长迅速、枝叶茂密的特点制作花球，再配以造型优美、色彩协调的吊具，具有较高的观赏性。

垂吊花卉有不同的观赏部位，有的观叶，如吊兰、常春藤、竹芋类、椒草类、虎耳草、绿铃、黄金葛等；有的观花，如藤本天竺葵、捕蝇草、金鱼藤、袋鼠花、球根秋海棠等；有的观果，如小番茄、草莓、五色椒等。利用不同种类、不同观赏特性的垂吊花卉装饰室内环境。

（4）吊挂位置

适合垂吊花卉吊挂的场所主要是能引人注目、易形成焦点景观或需要用垂吊花卉来改变原来单调景观的地方，如居室的门廊、玄关、角隅等，宾馆、饭店、餐厅、客房的墙面等，企事业单位的入口、棚架、走廊扶手等。

（二）壁饰

壁挂式绿化装饰是我国南方地区室内绿化装饰的常见方法。这种装饰形式像一首绿色的诗篇，似一幅立体的活壁画，它小巧玲珑，精致秀丽，极富情趣。

1. 壁饰布置的特点

壁饰又称壁柱镶嵌或墙面装饰，即利用绿色植物对室内墙壁或柱面进行空间绿化装饰的一种方式。它能利用绿色植物观赏特性的变化，使空间更有立体感和深度感，如在居室的客厅、天井或宾馆的开放式走廊、门厅等的墙壁上，常用观花或观叶的小型植物或茎蔓下垂的蔓生植物进行绿化装饰。壁饰和垂吊一样，具有不占地面空间的特点，减少了绿化的用地面积，使室内绿化方式多样化。壁饰可以缓和墙体建筑线条的生硬感，也可遮掩壁面上的不雅观之处，给单调的室内增添生机。用于壁饰的植物来源广泛，可以用作垂吊的植物多能用于壁饰，从观赏部位来说，这类植物分为观花、观叶、观果、观茎植物；从生长形态来说，这类植物分为直立型、匍匐型、攀缘型植物。应用形式也具多样性，可以是花环、花圈、花篮、花束等形式，也可以是鲜切花、切叶、插花等形式。

2. 壁饰的形式

（1）壁挂

将观花或观叶植物种植于篮中，然后嵌挂在室内壁柱上做装饰，可使空间具有立体感，让人欣赏到精美而生动的活壁画。壁挂植物应以轻巧、小型为好，如吊兰、绿萝、天门冬、文竹、悬崖菊、紫罗兰、案头菊、微型月季等。壁挂容器可用半圆形的陶土瓶，也可用半圆形金属丝网篮或塑料篮，内垫盛水的槽，以防浇水时多余的水流下，破坏室内清洁。壁挂的位置一般是把盆平直的一面紧贴在墙壁、角隅或柱上悬挂，形成大小不同、高低错落的壁面景观。

（2）嵌壁

嵌壁有以下几种形式：在砌筑壁柱时，预先在墙壁上设计一些不规则的孔洞，然后把大小适宜的容器连同栽种的花卉嵌入其中；或直接往孔洞内填入泥土，栽植花卉进行装饰；也可在墙上安置经过精细加工涂饰的多层隔板，形成简单的博古架，其间摆放各种观叶植物，如绿萝、鸭跖草、吊兰、常春藤、蕨类等，以及中小型插花作品和水养花卉，形成层次分明、错落有致的立体景观，别有一番情趣。

（3）贴壁

贴壁是一种利用攀缘植物进行室内壁面绿化装饰的形式。利用攀缘植物的卷须吸盘或气生根，攀缘墙体向上生长，改变室内枯燥乏味的景象。可以将盆栽攀缘植物成排放置在靠墙的地面上，让茎蔓自由向上攀缘生长；也可在墙底边设置一个种植槽，装入基质，种植攀缘植物。攀缘植物无法在光滑的墙面上向上生长，因此，采用贴壁方式装饰的墙面，不能使用光滑的装修材料，若墙面已用光滑材料进行了装修，可用麻绳等贴着墙面拉起一个支架。常见的攀缘植物有白粉藤、薜荔、常春藤等。贴壁绿化装饰要注意植物花朵和叶片颜色的变化应与墙面相协调，开花的植物应布置在迎光的墙面，耐阴的观叶植物可布置在光亮较弱的墙面，整个画面应高于人的视线，以便欣赏。如果贴壁植物再配以彩灯，则更显富丽堂皇，光彩夺目。

（三）植屏

1. 植屏布置的特点

植屏是利用高大的直立或攀缘盆栽花卉将室内作临时性隔断的装饰方法，即在大而空旷的房间内，将植物当作屏风，作为临时的隔断。例如，起居室和餐厅在同一个空间，就可以用植物屏风隔开，许多花卉爱好者热衷于这种植物屏风，效果生动活泼，犹如置身于大自然中。用盆栽花卉制作的植物屏风，可随意移动，可根据实际需要随时调整空间大小，需要时搬入植屏，不需要时搬出，运用自如，使室内环境变化多样。

2. 植屏的形式

直立型植物成排摆放，形成植物屏风。对于大而宽敞的室内空间，如要将其分隔成两个独立的小空间，可用植屏进行装饰。将大型盆栽植物成排摆放于需要分隔的位置，利用植物高大的茎干和茂密的枝叶形成天然的屏风，将空间分隔成两个部分。可以应用的大型盆栽植物有散尾葵、鱼尾葵、榕树、橡皮树、南洋杉、富贵椰子、巴西铁等。

（四）水培花卉

1. 水培花卉布置的特点

花卉水培是一种栽培模式的创新，是将一些传统的花卉盆栽模式（盆内含有各种栽培基质）转化为玻璃容器水养模式，以达到一种既可观叶，又可赏根，同时又可随意组合的艺术效果。水培花卉的优越性在于：水培的花卉不仅可以像普通花卉那样用来观花、观叶，还可以观根、赏鱼，上面鲜花绿叶，下面根须飘洒，水中鱼儿畅游，造型新奇，格调高雅；水培花卉生长在清澈透明的水中，没有泥土，不施传统化学肥料，因此不会滋生病毒、细菌、蚊虫等，更无异味。土壤栽养的花卉，需要根据不同的生长习性终年正确浇水和施肥，稍不注意，就会对花卉的生长产生严重的影响。

水培花卉的养护简单方便，夏天10天左右、冬天1个月左右换一次水，加少许营养液，对于家庭养花者来说特别省心。居室摆放水培花卉，能够调节室内小气候，可以增加室内的空气湿度，其枝叶可吸收二氧化碳，释放氧气，有利于人们的身体健康。

2. 水培花卉的种植

（1）容器的选择

水培花卉对容器的首要要求是清晰透明，如透明的玻璃花瓶、塑料花瓶及有机玻璃花瓶等均可。容器造型也要有较高的艺术性和观赏性。有些水培花卉作品，花瓶本身就是艺术品，与美丽的花卉相互配合，更具观赏性和装饰性。

花器的选择还要与植物的观赏特性相配合。植物修长挺拔向上的，可选用长柱形的花器，如富贵竹、朱蕉等；植物较矮而丰满的，可选用短圆柱状的花器，如秋海棠等；部分球根花卉需要特殊造型的花器来重点突出其根和球茎的观赏特性，如水仙、郁金香、风信子等。花器的规格要与花卉的大小相一致，小型轻盈的花卉，如蟆叶秋海棠、宝石花等，应选用小巧别致的花器；大型植株，如春羽、海芋等，应当选择大型厚重的花器。另外，日常生活中的废弃物也可作为家庭水培花卉的容器，如造型优美的酒瓶、经过加工修饰的饮料瓶和具有漂亮外观和质地的茶杯、碗、盆、盘等。

（2）水养植株的获取

水养植株的获取主要有两种方法，即洗根法和水插法。

第一，洗根法，即直接从土栽状态的植物洗根后水养。洗根法适用于比较容易水养的花卉，这类花卉的根系水养后很容易适应水环境，不会腐烂，如朱顶红、佛手、蔓绿绒、海芋等。选择洗根植株时，首先，要选择株形美观、有良好的装饰效果的植株；其次，要选择生长健壮，无病虫害的植株，因为健壮的植株容易恢复状态，容易适应水环境。有些刚分株、根系较差的植株不宜用作洗根植株，可在固体基质中养护，待其根系发达后洗根。

洗根应按照下列步骤进行：首先，选择好洗根植株后，将植株从花盆中托出，洗去根系周围的土壤，此时不要过度伤害根系，以免造成伤口引起腐烂。其次，将老的、枯烂的根系剪除。有些花卉根系十分茂盛，可修剪掉 1/3 ～ 1/2，以减少氧气消耗，促进水生新根的生长；有些花卉根系稀少，可不修剪，这样有利于适应水生环境，地上枝叶可略做修剪。再次，消毒处理，以免切口感染。植株可用多菌灵 800 倍液，或百菌清 600 倍液浸泡。最后，水养时根系要舒展，不宜挤作一团塞入水中，这样不但容易导致烂根，影响植株恢复，而且不美观，影响观赏效果。

洗根要选择温暖的季节，若在温室内则四季均可。若温度低，植株长势弱，新的水生根系不易长出；若温度高，水中含氧量低，易导致植物烂根。一般气温稳定在 20 ℃左右比较适宜。诱根阶段需要每天换水，保证水质清洁，氧气充足。大多数植物土生根适应水环境的时间不同，容易适应的种类会迅速在老根上长出水生根，如绿霸王、白掌、春羽等；有些植物必须重新长出新的水生根才能适应水环境，如朱蕉、马尾铁等。多数植物在诱根阶段会出现老根腐烂的现象，这时除每天换水外，还要随时剪掉烂根，清洗器皿和冲洗植株根系，直到新的水生根长出。

第二，水插法，即剪取枝条，在水中浸泡，生根后进行水养。水插法适用于原土栽根系不适应水环境的花卉，这些花卉即使采取洗根水养，老根也会腐烂，必须再长新根才能适应水环境。地上部分具有明显茎节、水插容易生根的花卉适合采用此法，如富贵竹、鸭跖草、绿萝、喜林芋等。有些具有气生根的花卉，可剪切具有气生根的枝条直接进行水培，如绿萝、吊竹梅等。水插时应选择观赏性好、生长健壮、无病虫害的枝条。有些植物种类的节间很长，应在节下 1～2 cm 处进行，大的枝条稍长些，细的枝条稍短些，因为节下容易生根。另外，剪口要平，剪刀要锋利，不要压伤剪口，叶片不能入水。

选择水插季节和选择洗根季节是同样的道理，主要考虑温度的因素，自然条件下以春秋两季适宜，此时植物生长旺盛，水插容易成功；晚秋、冬季和初春温度低，不利于生根；夏季温度高，植物剪口容易腐烂。水插生根阶段也需要每天换水。因为插穗剪口易受微生物侵染，造成腐烂，导致水插失败。换水时注意清洁器皿和冲洗枝条，尤其要注意清洗剪口。

第三节　室内绿化装饰的空间表现技法

一、空间表现的主要内容

室内绿化装饰设计是在建筑空间内进行设计的，室内效果图必须表达出这种空间的设计效果。因此，室内效果图必须建立在缜密的空间透视关系的基础上。透视图是室内设计的所有图纸资料中最具表现力、最引人注目的一种视觉表达形式，它能逼真地表现设计师的创意和构思，直观、简便、经济，比制作模型的速度快，而且携带方便。

（一）透视的基本原理

我们观察自然界中物体的形象如同照相，从照片中可发现如下现象：① 等高的物体，距我们近的则高，远的则低，即近高远低；② 等距离间隔的物体，距我们近的物体间隔较疏，远的较密，即近疏远密；③ 等体量的物体，距我们近的体量大，远的体量小，即近大远小；④ 物体上平行的直线，如与视点产生一定夹角后，延长后交于一点。

（二）透视图的分类及特征

1. **一点透视（平行透视）**

空间或物体的一面与画面平行，其他垂直于画面的诸线将汇集于视平线中心的灭点上，与之重合。一点透视表现范围广，纵深感强，适合表现庄重、严肃的室内空间，缺点是比较呆板，与真实效果有一定差距。

2. **两点透视（成角透视）**

空间或物体的所有立面与画面成斜角，各个线条均分别消失于视平线左右两个灭点，其中，斜角度大的一面的灭点距离中心点近，斜角度小的一面的灭点距离中心点远。两点透视效果比较自由活泼，反映空间比较接近人的真实感觉。缺点是若角度选择不好，易产生变形。

3. **俯视图**

俯视图是将视点提高的画法，便于表现比较大的室内空间植物景观和建筑群体，可采用一点、两点或三点透视作图。

二、空间表现形式

（一）草图表现

草图设计具有综合性，也是把设计构思变为设计成果的第一步，同时也是各方面的构思通向现实的路径。无论是从空间组织的构思，还是色彩设计的比较，或者是装修细节的推敲，都能以草图的形式进行。对设计师来说，草图的绘制过程，实际上就是设计师思考的过程，也是设计师从抽象的思考进入具体的图式的过程。室内绿化装饰设计初期的植物布置可先用文字表示，最后再在正图中表现。徒手绘画的草图是一种具有工作性的图纸，没有条款限制，可以随意勾画。

（二）正图表现

正图表现是一个作品完善、汇报的阶段，在这个阶段可以用细致的表现手段进行效果表现，可以使用多种表现技法。这个过程中的思考是经艺术绘画的语言将其完美地物化，表现出美感和意境，使之呈现出缤纷多彩的形式——具象的平、立剖面和三维透视图，加入适当的配景、色彩、光影等，使其产生富有感染力的展示性效果。

（三）快图表现

快图表现可以反映出设计者的综合专业素质，包括设计水平、表现技巧、思维广度，甚至应变能力和心理素质等。快速设计是一种特殊的设计工作方式。通常，在工程前期，设计师需要表达自己的设计构想，推敲方案，或者在较短的期间内展示出稍纵即逝的设计灵感，在短时间内拿出优质的设计方案。在这种快速的设计工作中，设计者需要在很短的时间内理解设计任务要求，完成简练的方案构思、比较决策，同时对设计成果表现形式来说要有良好的手绘图效果。一般使用马克笔和彩色铅笔绘图，不仅上色快，且不易弄皱纸面。快图表现通常不必面面俱到，而是有重点地进行刻画，营造出合理的空间感和气氛感即可。

三、空间表现技法

（一）素描表现

素描是用单一的线条来表现物体的透视、体积、三维空间的一门学科，它是一切造型的基础。素描又称单色画，即用单一色表现对象的形体结构、质地以及明暗关系。素描的表现方法包括：线条表现方法、明暗表现方法、线条与明暗结合的表现方法。

（二）线描淡彩表现

线描淡彩是以线稿为主、颜色为辅的一种效果图表现技法。其区别于其他表现技法的主要特征是施色便捷、单纯，大多数只起到强调气氛和划分区域的作用。

淡彩的种类很多，如铅笔淡彩、炭笔淡彩、钢笔淡彩、粉笔淡彩。多数淡彩画是素描或速写加淡彩。在收集创作素材时，往往先完成速写或素描，然后再薄涂淡彩。

线描淡彩使用的色彩一般以透明或半透明的颜色为首选，但不像水彩技法那么注重施色技巧。它对线稿的要求比其他技法更为严格，可以说，线描淡彩就是在一张完整的素描线稿画上略施色彩。淡彩表现宜透明、爽朗，用笔简练、轻捷，不可过于重叠，以保护画面结构与色彩的清新明晰。尤其是炭笔和粉笔上淡彩，还须先喷层黏着胶液，待胶干后方可涂淡彩。如着淡彩后画面对比减弱，可在淡彩上再用线条加强结构与对比关系。还有一种淡彩素描，是先画淡彩，然后加铅笔、钢笔线条以加强画面，衬以明暗，增添节奏与神韵。

（三）彩色铅笔表现

彩色铅笔是表现图常用的作画工具之一，具有使用简单方便、色彩稳定、容易控制的优点，常常用来画效果图的草图、平面、立面的彩色示意图和一些初步的设计方案图。彩色铅笔通常不会被用来绘制展示性较强、画幅比较大的效果图。彩色铅笔的不足之处是色彩不够紧密，不宜画得浓重，不宜大面积涂色。

彩色铅笔不宜大面积单色使用，否则画面会显得呆板、平淡。在实际绘制过程中，彩色铅笔往往与其他工具配合使用，如与钢笔结合，利用钢笔勾画空间轮廓、物体轮廓，再运用彩色铅笔着色；与马克笔结合，运用马克笔铺设画面大色调，再采用彩铅叠彩法深入刻画；与水彩结合，体现色彩退晕效果等。

彩色铅笔有其特有的笔触，用笔轻快，线条感强，可徒手绘制，也可靠尺排线。绘制时应注重虚实关系的处理和线条美感的体现。彩色铅笔的混色主要靠不同色彩的铅笔叠加，反复叠加可以画出丰富微妙的色彩。

（四）马克笔表现

马克笔因具有作画快捷、色彩丰富、表现力强等特点，被认为是一种商业的快速表现形式。作为传达感官信息的表现图，马克笔表现对作者的观念及被描绘物体的形态、质感、色彩等的把握和表现上有极高的要求。

（五）水彩表现

水彩是以水为媒介调和专门的水彩颜料进行艺术创作的绘画表现形式。水彩表现是室内外表现画法中的传统技法，具有明快、湿润、水色交融的独特艺术魅力。

（六）水粉表现

1. 干画法

干画法就是水少粉多的画法。挤干笔头所含水分，调色时不加水或少加水，使颜料成一种膏糊状，先深后浅，从大面到细部，一遍遍地覆盖和深入，越画越充分，并随着由深到浅的变化，不断调入更多的白粉来提亮画面。干画法运笔比较涩滞，而且呈枯干状，但比较具体和结实，便于表现肯定而明确的形体与色彩，如物体的凹凸分明处，画中主体物的亮部及精彩的细节刻画等。这种画法非常注重落笔技巧，力求观察准确，下笔肯定，每一笔下去都要表现出一定的形体与色彩关系。干画法也有它的缺点，过多地采用此法，加上运用技巧不当，会导致画面干枯和呆板。

2. 湿画法

此法与干画法相反，用水多、用粉少。它借鉴了水彩画及国画泼墨的技法，也最能发挥水粉画运用"水"的好处，用水分稀释颜料渲染而成。湿画法也可以利用纸和颜色的透明来取得像水彩那样的明快与清爽的效果，但它所采用的湿技法比画水彩画的要求更高。由于水粉颜料的颗粒粗，就要求湿画时必须看准画面湿画部位，一次渲染成功，过多涂抹或多遍涂抹必然导致画面灰而腻。这种画法运笔流畅自如、效果滋润柔和，特别适于画结构松散的物体和虚淡的背景，以及物体含糊不清的暗面，如发挥得当，能表现出浑然一体和痛快淋漓的生动韵味。它的色彩借助水的流动与相互渗透，有时会出现意想不到的效果。为制造这种湿的效果，不但颜料要加水稀释，画纸也要根据局部和整体的需要用水打湿，以保证湿的时间和色彩衔接自然。

（七）喷绘表现

喷绘是利用空气压缩机把有色颜料喷到画面上的作画方法，是一种现代化的艺术表现手段。喷绘具有其他工具难以达到的特殊效果，如色彩颗粒细腻柔和，光线处理变化微妙，材质表现生动逼真等。但是喷绘操作过程复杂，技术要求高，作画周期长，一般只在设计比较成熟的阶段或房地产商做广告宣传时才采用这种方法绘制表现图。

（八）计算机表现

计算机表现技法的特点为：着色速度快，透视及光、影计算准确；三维模型及场景设置好后，可以很方便地变化透视角度、方向及对场景着色；可以很方便地修改场景中的材质、灯光、背景图像等；可以将实拍的背景图像与着色后的建筑模型图像结合，使还在方案阶段的建筑置于"真实环境"之中；可以将着色后的图像以屏幕显示、打印、胶片、照片、磁盘、录像带等多种方式进行输出，便于存档、复制和传输。

（九）综合表现

综合表现技法就是将各类技法有选择性地综合应用于一幅图中。它建立在对各种技法的深入了解和熟练掌握的基础上，其具体运作及各种技法的结合与衔接，可根据画面内容效果以及个人喜好和熟练程度来决定。例如，有些人习惯在水彩渲染的基础上，用水溶性彩色铅笔进行细致深入的刻画，在高光、反光和个别需要提高明度的地方，采用水粉加以表现，利用各自颜料的性能特点和优势，可使画面效果更加丰富、完美。

第八章　室内色彩设计艺术

第一节　室内色彩的功能

一、色彩

（一）色彩的界定

色彩是光刺激人的眼睛所产生的视觉反映。因为有了光，人们才能感知物体的形状和色彩，光照是色彩产生的前提。物体的色彩在光的照射下呈现出的本质颜色叫固有色；物体的色彩在被光照射的同时，受到周围环境的影响反射而成的颜色叫环境色。

（二）色彩的三要素

色相、明度和纯度是色彩的三要素。色相就是色彩的"相貌"，是色彩之间相互区别的名称，如红色相、黄色相、绿色相等。明度就是色彩的明暗程度，明度越高，色彩越亮；明度越低，色彩越暗。纯度就是色彩的鲜灰程度或饱和程度，纯度越高，色彩越艳；纯度越低，色彩越灰。

色彩分无彩色和有彩色两大类。黑、白、灰为无彩色，除此之外的任何色彩都为有彩色。其中，红、黄、蓝是最基本的颜色，被称为三原色。三原色是其他色彩调配不出来的，而其他色彩则可以由三原色按一定比例调配出来。

（三）色彩作用于人的视觉所产生的感觉

1. 冷暖感

从冷暖感的角度，色彩可以分为冷色和暖色。冷色包括蓝色、蓝紫色、蓝绿色等，使人产生凉爽、寒冷、深远、幽静的感觉；暖色包括红色、黄色、橙色、紫红色、黄绿色等，使人产生温暖、热情、积极、喜悦的感觉。

2. 轻重感

从轻重感的角度，色彩可以分为轻色和重色。色彩的轻重首先取决于明度，明度高，色彩感觉轻；明度低，色彩感觉重。其次，取决于色相，暖色感觉轻，冷色感觉重。最后，取决于纯度。纯度高，感觉轻；纯度低，感觉重。

3. 体量感

从体量感的角度，色彩可以分为膨胀色和收缩色。色彩的体量感，首先取决于明度。明度高，色彩膨胀；明度低，色彩收缩。其次，取决于纯度。纯度高，色彩膨胀；纯度低，色彩收缩。最后，取决于色相。暖色膨胀，冷色收缩。

4. 距离感

从距离感的角度，色彩可以分为前进色和后退色，或称为近感色和远感色。色彩的距离感主要取决于纯度。纯度高，色彩前进；纯度低，色彩后退。其次，取决于明度。明度高，色彩前进；明度低，色彩后退。最后，取决于色相。暖色前进，冷色后退。

5. 软硬感

从软硬感的角度，色彩可以分为软色和硬色。色彩的软硬感首先取决于明度。明度高，色彩感觉柔软；明度低，色彩感觉坚硬。其次，取决于色相。暖色感觉柔软，冷色感觉坚硬。最后，取决于纯度。纯度高，色彩感觉柔软；纯度低，色彩感觉坚硬。

6. 动静感

从动静感的角度，色彩可以分为动感色和宁静色。色彩的动静感首先取决于纯度。纯度高，动感强；纯度低，宁静感强。其次，取决于色相。暖色动感强，冷色宁静感强。最后，取决于明度，明度高，动感强；明度低，宁静感强。

（四）色彩的对比与协调

1. 色彩的对比

所谓色彩的对比，就是两种或两种以上的色彩放在一起有明显的差别。色彩的对比可以使色彩产生相互突出的关系，使色彩主次分明，虚实得当。色彩对比分为色相对比、明度对比和纯度对比。色相对比主要指色彩冷暖色的互补关系，如红与绿、黄与紫、蓝与橙。明度对比主要指色彩的明度差别，即深浅对比。纯度对比主要指色彩的饱和度差别，即鲜灰对比。

2. 色彩的协调

所谓色彩的协调，就是两种或两种以上的色彩放在一起无明显差别。色彩的协调可以使色彩相互融合，和谐统一。色彩协调分为色相协调、明度协调和纯度协调。色相协调主要指邻近色的协调，如红与橙、橙与黄、黄与绿等；明度协调主要指减少明度差别；纯度协调主要指减少纯度差别。

二、色彩选择需要遵循的原则

（一）形式与色彩服从功能，充分考虑功能要求

室内色彩的选择应该能够满足功能与精神要求，其主要目的在于让人们能够感到舒适。在功能要求方面，首先应该认真分析每一空间的使用性质，如儿童居室和起居室、老年人的居室和新婚夫妇的居室，由于使用对象不同或者使用功能具有十分明显的区别，因此空间色彩的设计必须有所区别。

（二）力求符合空间构图需要

室内色彩配置必须要符合空间构图原则，要能够充分发挥室内色彩对空间的美化作用，要正确处理协调与对比、统一与变化，以及主体和背景之间的关系。在进行室内色彩设计的时候，首先应该确定好空间色彩的主色调。色彩的

主色调在室内气氛当中能够起到主导、润色、陪衬，以及烘托的作用。

形成室内色彩主色调的因素有很多，主要包括室内色彩的明度、色度、纯度和对比度，还应该处理好统一与变化的关系。有统一而无变化，必然达不到美的效果，所以，要在统一的基础之上求变化，这样就非常容易取得良好的效果。为了取得统一又有变化的效果，大面积的色块不宜采取过分鲜艳的色彩，小面积的色块可以适当提升色彩的明度与纯度。

除此之外，室内色彩设计还应该可以体现稳定感、韵律感与节奏感。为了表现空间色彩的稳定感，设计师经常会采用上轻下重的色彩关系。室内色彩的起伏变化，应该形成一定的韵律和节奏感，要注重色彩的规律性，切忌杂乱无章。

（三）利用室内色彩，改善空间效果

要充分利用色彩的物理性能和色彩对人心理的影响。例如，空旷的室内可用近感色，减弱空旷感，提高亲切感。墙面过大的时候，适合采取收缩色；柱子过细的时候，宜用浅色；柱子过粗时，宜用深色。

（四）注意民族、地区和气候条件

符合多数人的审美要求是室内设计的基本规律。但对于不同民族来说，由于生活习惯、文化传统和历史沿革不同，其审美要求也不同。因此，进行室内设计时，既要掌握一般规律，又要了解不同民族的特殊习惯和不同地理环境的气候条件。

三、室内色彩的组成

（一）主体色彩

主体色彩是室内设计当中面积最大、占据主导地位的色彩，一般占到室内面积的 60% ~ 70%。主体色彩通常会给人以整体印象，如暖色调、冷色调等，会让人产生喜庆、温暖、冷静、严肃等不同的心理感受。主体色彩通常指的是室内的天花板、墙壁、门窗、地板等大面积的建筑色彩。如果把这些大面积色彩统一起来，使用某一变化微小的色调，会使人有不同的感受，如使用低纯度、高明度的明快色彩，会使人产生和谐而自然的感觉，这一手法通常用于家居装饰和私人空间中；而使用高纯度的色彩则会使人产生激动和兴奋的感觉，这一手法通常用在商业空间和公共空间中。主体色彩是陪衬色彩和点缀色彩的基础，因而主体色彩的选择是室内色彩设计的关键。例如，白色一直被认为是理想的主体色彩，这是因为白色是一种中性色彩，它能够与各种色彩相调和。现在的室内装饰一般以白色为基础，略加色相的变化，从而产生高明度的主体色彩，如粉红色、浅黄色、淡绿色、浅灰色等。

此外，以高纯度或低明度的色彩作为主体色的室内设计，配以淡雅的对比色来进行点缀，同样可以起到画龙点睛的作用。这两种室内色彩设计方式相比，前者能够产生平和淡雅的效果，后者能够产生活泼激烈的效果。在实际设计时，应结合具体的环境和室内使用功能，扬长避短，灵活运用，达到理想效果。

（二）陪衬色彩

陪衬色彩在室内设计中是以主体色彩为依据进行选择的。如果主体色彩是红色系列，陪衬色彩可表现出明度变化，如采用略深或略浅的红色进行陪衬；也可表现出色相变化，如使用偏黄或偏蓝的红色进行陪衬。陪衬色彩是构成室内环境色彩的重要部分，也是构成各种色调的最基本因素。在主体色彩和陪衬色彩的映照下，室内色彩会产生一种统一而有变化的整体效果。如果只有一种主体色调而没有陪衬色调的搭配，整体上就会显得空洞和单调。一般来讲，陪衬色彩应占室内空间面积的 20% ～ 30%。

在室内占有一定面积的家具也应考虑陪衬色对其的影响。各类不同规格、形式和材料的家具，如橱柜、梳妆台、床、桌、椅、沙发等，是室内陈设的主体，是表现室内风格及个性的重要因素，它们的造型应与室内设计的风格一致，其色彩也应与陪衬色彩基本一致，从而调整室内色彩的总体效果。此外。室内装饰中的织物色彩也是配色的主角，尤其是窗帘、帷幔、床罩、台布、地毯及沙发、座椅上的大块蒙面织物等，它们的材质、色彩、图案千姿百态，与人的关系也更为密切。

（三）点缀色彩

点缀色彩是指室内环境中最醒目，最易于变化的小面积色彩，它一般是室内设计中的视觉中心，应占室内面积的 5% ～ 10%，如形象墙、小景观、壁挂、靠垫、摆设品、花草等陈设的色彩。点缀色彩往往采用主体色和陪衬色的对比色或纯度较高的强烈色彩，使室内空间中的色彩既有统一又有对比，产生既变化又和谐的整体效果。

由此可见，室内环境的色彩效果有很大一部分是由陈设物的色彩决定的。对室内色彩的处理一般应进行总体的控制和把握，即室内空间的色彩应统一协调。当然，过分统一又会使空间显得呆板、乏味，过分的色彩对比会使室内空间杂乱无章。如果正确应用陈设品千姿百态的造型和丰富的色彩，就能赋予室内空间以勃勃生机，使室内环境的色彩生动活泼起来。但切忌为了丰富色彩而选用过多的点缀色，那样会使室内显得凌乱无序，应考虑在主体色的协调下进行适当的点缀。

四、色彩的调节功能

色彩的设计会给人带来视觉上的差异和艺术上的享受。在人们进入某个空间最初几秒钟内得到的第一印象的 75% 是对色彩的感觉，然后才会去理解形体。所以，色彩是室内装饰设计不能忽视的重要因素。20 世纪 20 年代，在美国的外科医院里，由于频繁的手术，医生们常在白色的墙壁上看到若隐若现的血红色的视觉残影，使视觉处于疲劳状态。为了改变这种状态，接受了著名的色彩学家别林提出的建议，即在白墙壁上涂上红的补色——绿灰色，以消除医生的视觉疲劳现象。这就是色彩调节的起源。

室内色彩不是单一、孤立地存在的，各具功能特点的色彩总会彼此影响，应用色彩美学有助于改善居住条件。宽敞的居室采用相对较暗的棕、紫色调装饰，可以避免房间的空旷感；小房间采用白、黄等明亮的颜色，会在视觉上扩大空间。因人口少而感到寂寞的家庭居室，宜选用较深的暖色；因人口多而觉喧闹的家庭居室，宜用明亮的冷色。丰富的色彩更能体现个人风格和喜好。不同的颜色有着不同的效果。

一般色彩效果：蓝、绿、灰色使人感到安静、凉爽；红、粉红、橙色使人有温暖感并使人容易兴奋；明亮的色调使房间显得较大，暗色调可以使房间看上去比实际上狭小。

色彩对比：选用具有强烈对比效果的色彩，如亮对暗、暖色对冷色，可以突出主体。

主体色彩：对大面积地方选定颜色后，可用一种比其更亮或更暗的颜色进行渲染。主体色彩用于有装饰线的小房间，可以使房间显得简洁明亮。

连续色彩：用三种及三种以下相近色调的颜色进行搭配，如蓝色、绿色和灰色，可产生层次。色彩搭配得当，可使房间层次分明而不单调。

第二节　室内色彩与心理

一、生活中的色彩心理

在当今的生活中，有很多色彩理论中都对此做过专门的介绍，这些经验明确地肯定了色彩对于人心理的影响。冷色和暖色是按照心理错觉对色彩的物理性进行分类的，对于颜色的物质性印象，通常是由冷暖两个色系共同产生的。波长比较长的红光与橙色光、黄色光，本身就拥有一些暖和感。相反，波长短的紫色光、蓝色光、绿色光，有寒冷的感觉。比如，夏日，我们关掉室内的白炽灯，打开日光灯，就会有一种凉爽的感觉。颜料也是如此，在冷食或冷的饮料包装上使用冷色，在视觉上就会引起人对这些食物冰冷的感觉。冬日，把卧室的窗帘换成暖色，就会增加室内的暖和感。

以上的冷暖感觉，并非物理上的真实温度，而是与我们的视觉和心理联想有关。总的来讲，人们在日常生活中既需要暖色，也需要冷色，在色彩的表现上也是如此。

冷色与暖色除了能够给带来我们温度上的不同感觉以外，还会带来其他的一些感受，如重量感、湿度感等。比如，暖色偏重，冷色偏轻；暖色有密度强的感觉，冷色有稀薄的感觉；冷色的透明感更强，暖色则透明感较弱；冷色显得湿润，暖色显得干燥；冷色有很远的感觉，暖色则有迫近感。

一般说来，在狭窄的空间中，若想感觉宽敞，应该使用明亮的冷调。由于暖色有前进感，冷色有后退感，可将细长空间中的两壁涂上暖色，近处的两壁涂上冷色，就会使人从心理上感到空间更接近正方形。

除了寒、暖色系具有明显的心理区别以外，色彩的明度与纯度也会引起对色彩物理印象的错觉。一般来说，颜色的重量感主要取决于色彩的明度，暗色给人以重的感觉，明色给人以轻的感觉。纯度与明度的变化给人以色彩软硬的印象，如淡的亮色使人觉得柔软，暗的纯色则有强硬的感觉。

色彩心理学是一门十分重要的学科，在自然欣赏、社会活动方面，色彩在客观上是对人们的一种刺激和象征，在主观上又是一种反应与行为。色彩心理透过视觉开始，从知觉、感情而到记忆、思想、意志、象征等，其反应与变化是极为复杂的。

二、室内设计中的色彩心理学

色彩心理学是一个致力于分析色彩对人类行为与感受影响的重要研究领域。色彩是一种生活，更是一种情感，是我们感知世界的一种非常重要的方法。

颜色能够刺激我们的想法和情绪，人类从生理和心理两个方面回应色彩，以各种不同的方式对各种不同的颜色做出反应。我们一般会认为，红色是暖色调，蓝色是冷色调。但是由于每个人都有个性，他们对于色彩的选择是多样的，对色彩的喜爱也是相当个人化的。当然，每个人对色彩的感觉与其年龄、性别以及情感等因素都有着很大的关系。所以，在家装设计中，色彩的搭配是一个很重要的环节。

（一）客厅

客厅是最能够体现主人的审美情调与文化底蕴的地方，同时也是会客和家庭团聚的一个重要场所。客厅面积一般较其他的房间大，使用时间也比较长，色彩运用也较为丰富，应该突出一种团结、欢乐、和谐的气氛，宜采用暖色调，给人以亲切感。客厅色彩的主色调应当明亮而舒适，而且有较大的色彩跳跃和强烈的对比，突出重点装饰部位。色彩浓重，能够体现出高贵典雅的气派。

（二）餐厅

餐厅是主人用餐与宴请亲朋好友的地方，也是全家人一起活动的空间，这部分空间通常会与客厅连在一起。所以，餐厅的环境色彩应该营造出一种亲切、温馨、祥和的基调，这样能够使人放松心情，产生充分享受美好生活的愉悦感。在色彩搭配上要与客厅相协调。具体色彩可以根据家庭成员的爱好确定，一般应当选择暖色调。

（三）卧室

卧室的功能比较复杂，既需要满足人们休息和睡眠的基本要求，也要能够满足梳妆与卫生保健等综合需要，对色彩的要求较高。色调应当以宁静、淡雅、和谐为主。浅绿和粉红色等色彩会使人产生温暖的感觉，适用于寒冷的北方。浅蓝及蓝灰色使人镇静，心情舒畅。例如，儿童卧室的色彩以明快的浅黄、淡蓝等为主；少年的卧室宜以淡蓝色的冷色调为主；少女的卧室最好以淡粉色等暖色调为主；新婚夫妇的卧室大都采用热烈的暖色调；中老年人的卧室宜以浅色为主。

（四）厨房

厨房是烹调、制作食品的场所，也是容易脏乱的地方。现代厨房应当是一个洁净、明亮的空间，色彩应该以表现清洁、卫生为主。室内的温度会随着烹调而变高，所以厨房的颜色一般会选择较白或较冷色系列，缓和室内热量。地面不宜过浅，可采用深灰色等耐污性好的颜色，墙面宜以白色为主，便于清洁整理，顶部宜采用浅灰、浅黄等颜色。白色、灰色也经常会在厨房中使用，再点缀上黄、橙、红、蓝、绿等欢快、明亮的色彩，令使用者产生温暖、清爽的心理感受。

（五）书房

书房是人学习、思考的空间，需要冷静而且理性的色彩。一般应该以蓝、绿等冷色调的设计为主，以利于创造安静、清爽的学习气氛。书房的色彩绝不能过重，对比反差也不应强烈，光线一定要充足，色彩的明度要高于其他房间。局部的色彩建议选择成熟稳重的色彩。

（六）浴室

浴室是洗浴、洗涤的场所，也是清洁卫生要求较高的空间。传统色彩设计是以白色为主的浅色调，地面及墙面均以白色、浅灰或淡蓝等颜色做表面装饰，但是现在也有较为时尚的色彩设计。例如，以深色为主调，地面、墙面采用黑色、金色、银色等较小面积的装饰色彩。

色彩心理是客观世界的主观反映。居家设计是为人们的居住服务的，随着现代人对精神生活要求的日益提高，人们对室内环境的质量和个性要求也越来越高。对于服务的年龄层次，生活环境与习惯不同，对色彩的审美要求也不尽相同。设计时，要遵守以人为本的设计理念，充分考虑使用者的个体生理和心理特征。

三、室内色彩的心理效应

（一）室内色彩的冷暖感

所谓色彩的冷暖感，主要指的是一种心理力量，是根据色彩对人的心理的影响而划分的，与实际的温度并没有什么直接的联系。红色、橙色、黄色经常会使人联想到旭日东升与熊熊火焰，能够给人温暖的感觉；蓝色、青色常常会使人联想到大海、晴空、阴影，给人寒冷的感觉；所以，一般带有红、橙、黄的色调都带有暖感，凡是带蓝、青的色调都带有冷感。

色彩的冷暖与明度、纯度也有关。高明度的色彩一般都具有冷感，低明度的色彩一般有暖感。无彩色系中白色有冷感，黑色有暖感。色彩的冷暖感是区别色彩特质的重要标志之一。在室内色彩设计中，恰当地利用色彩的冷暖对比与统一，是提高室内环境感染力的一种有力的手段。

（二）室内色彩轻重与软硬

一般来讲，色彩的重量感和色相的变化关系实际上并不大，而是更加侧重于明度上的区别，如对比红色与黄色时，红色感觉会比较重，主要原因还是红色明度较低、黄色明度较高的缘故。如果把这两种颜色设置为同等明度，轻与重的差别则会很难进行区分。所以，明度越亮，感觉就越轻；明度越暗，感觉就会越重。

色彩的软硬感和轻重感互相关联，轻则软，重则硬，这和现实生活中对于各种不同物质的实际感受是类似的。色彩软硬感和明度与纯度有关。凡明度较高的灰色系一般都具有软感，凡明度较低的含灰色系通常都具有硬感；纯度越高越具有硬感，纯度越低越具有软感。

（三）室内色彩的明快感与忧郁感

色彩明快感与忧郁感和纯度密切相关，明亮而鲜艳的色彩具有明快感，深暗而混浊的色彩具有忧郁感；低纯度的基调色容易让人产生忧郁感，高纯度的配色容易使人产生明快感；强对比色调有明快感，而弱对比色调具有忧郁感。

（四）室内色彩的华丽感与朴素感

色彩的华丽感和朴素感与纯度关系最大，其次便是与明度相关。凡是鲜艳而明亮的色彩均会具有一定的华丽感，凡是浑浊而深暗的色彩通常都会具有朴素感；有彩色系具有华丽感，无彩色系具有朴素感；运用色相对比的配色具有华丽感，其中，补色最为华丽；强对比色调具有华丽感，弱对比色调具有朴素感。

（五）室内色彩的兴奋感与沉静感

室内色彩的兴奋感和沉静感与色相、明度、纯度都有关，其中，纯度的作用最为明显。在色相方面，凡是偏红、橙的暖色系都具有兴奋感，凡属蓝、青的冷色系具有沉静感；在明度方面，明度高的色彩具有兴奋感，明度低的色彩具有沉静感；在纯度方面，纯度高的色彩具有兴奋感，纯度低的色彩具有沉静感。所以，暖色系中，明度最高、纯度也最高的色彩兴奋感觉强，冷色系中，明度低而纯度低的色彩最有沉静感。强对比的色调具有兴奋感，弱对比的色调具有沉静感。色彩的这种性格对人们心理所产生的影响是不能低估的。因此，家居室内设计多使用明快而柔和的色彩，使人感到舒适。

第三节　室内色彩设计的方法

一、色彩在室内设计中的功能

（一）室内功能对色彩设计的限制

室内功能不同，在色彩选择上也会有所差异，合理的色彩设计应当围绕室内功能进行，利用色彩对人生理和心理的影响创设出符合要求的空间环境。特别是公共场所里面的室内色彩设计，更应该充分考虑功能对色彩的要求。比如，图书馆、办公楼的室内色彩应该重视读书和办公的空间功能，选用适宜读书、办公的白色、浅蓝或浅绿等明亮偏冷的色彩组合，这些色彩可以建构出平静而且沉着的气氛；体育馆是一个热烈欢快的场所，色彩选择上可以在鲜蓝色调的空间中，放置一组色彩艳丽的元素，这组元素可以与整体形成对比关系，成为视觉中心，起到点明空间主题的重要作用。

（二）合理搭配色彩，满足室内功能

室内设计以创设良好的室内空间环境为主要宗旨，将满足人们在室内生产、生活、工作和休息的要求放到首位，所以在进行室内设计的时候应该充分考虑使用功能要求，使室内环境得以合理化、舒适化与科学化；要根据人们的

活动规律处理好空间关系、空间尺寸、空间比例；合理配置陈设与家具，妥善解决室内通风、采光与照明等问题，注意室内色调的总体效果。

在室内设计中，除了运用空间划分、家具陈设等方法以外，色彩能够更好地体现室内功能。例如，设计餐厅的时候，餐桌、餐椅虽然可以满足人们进餐的实用功能，但是如果在餐厅的色彩选择上运用橙色等暖色调，灯光也选用柔和的暖光，可以使餐厅充满温暖亲和的气氛，增加人的食欲。

利用室内色彩，改善空间效果。充分利用色彩的物理性能和色彩对人心理的影响，可在一定程度上改变空间尺寸、比例、分隔、渗透空间，改善空间效果。

二、室内色彩设计的原则

（一）整体统一原则

整体与统一，就好像音乐的节奏以及和声。音乐的节奏与和声是凭借不同音符的有序组合，形成的较为丰富的音域带，并且统一在完美序列的音符当中。在室内环境中，各种色彩相互作用于空间里面，和谐和对比是最为根本的关系，如何恰如其分地处理这种关系，是室内空间色彩设计的关键。色彩的协调在于色彩的三要素：色相、明度、纯度，这三者之间运用视觉规律，相互接近，才可能产生统一感。但是，统一与整体要避免平淡、单调，要在具有对比的关系中寻求色彩的和谐，这种在对比中的和谐与衬托要靠色彩的冷暖、明暗、纯度来完成。例如，整体的室内色彩格调是偏暖的，就要有局部的色彩为冷色调，使其统一的暖色调中，产生小范围的冷色调，反之亦然。根据这一原则，在整体统一之中，我们在处理色彩的明暗、纯度的时候，也应该考虑到整体与局部的明暗和纯度的对比。

色彩的魅力之一就在于在统一和谐当中有对比的成分，也就是说，在室内空间的设计当中，把握好细节对比的色块区域，大面积的是和谐而统一的色彩，就能够充分体现出色彩的魅力。当然，室内各空间的功能各有不同，在各空间中，可根据具体的使用功能来确定各空间界面的主要色彩基调。

（二）符合空间需求的原则

　　各室内空间都有不同的使用功能，色彩的设计也要根据其功能的差异而进行相应的变化。可以考虑运用色彩的明暗度来营造空间的气氛。高明度的色彩能够起到使室内空间光彩夺目的效果，低明度的色彩能够获得较柔和的情趣效果，比较容易产生隐私性和温馨感。因为我们大部分时间要在室内度过，所以室内空间的色彩设计就必然会影响人的精神。而使用相对纯度较低的各种色彩就可以营造一种安静、柔和、舒适的空间气氛；使用纯度较高而且色彩较为鲜艳的色彩可营造欢快、活泼、兴奋的空间气氛，这样的色彩适用于少年儿童活动居住的空间或公共购物娱乐的场所。

　　在室内色彩设计中，还要考虑到人对色彩的感受的规律，不同的色彩会使人产生不同的心理作用。各年龄段的人，对色彩的感受和接受程度是不同的，稳定感强的色彩比较适合年龄大的人群，因为沉稳的色彩有益于老年人的身心健康；对比度较大的色彩对年轻人来说则较为合适，因为这样的色彩配置使人感到富有朝气；儿童则适合纯度较高的色彩，如浅蓝色、浅粉色系。

　　各特定的室内空间，都有其特定的空间构图。所谓空间构图，是指构筑各空间界面的节点、凸凹转折处，室内空间中的大型固定设施，也包括各虚拟空间的界位处。这些因素构成了特定空间的构图特征，在多种空间因素中，要先考虑好主要空间的主色调，色彩的主色调在室内各空间中将起到主导、陪衬、烘托的作用。在这一阶段，要准确思考协调与对比、统一与变化、主体与背景的关系。

　　要在统一的基础上求变化，要取得统一又有变化的效果，不宜大面积选用过分鲜艳的颜色，而小面积的色块可以适当提高明度和纯度。此外，室内空间的色彩设计要体现稳定感、韵律感和节奏感。若想达到这一目的，就要考虑色彩色阶逐步递增或递减的方法，有计划地让色彩的色阶产生变化。为保证色彩的稳定感，可以考虑利用空间中上轻下重的色彩关系。室内空间色彩的起伏变化，一定要形成一定的韵律和节奏感，否则会使空间的色彩变得杂乱无序。

三、室内色彩设计的手段

（一）把握设计前提

在进行室内色彩设计之前，设计师必须要掌握几个重要的设计前提：

第一，设计师需要明确该室内空间的使用功能，空间的大小、形式与方位、采光和照明情况，以及空间所处的环境、建筑物所在的气候条件等。比如，在炎热的地区，朝南的房间内不宜大面积使用暖色。

第二，设计师应当充分了解该室内空间使用者的特征，包括年龄、性别、职业等，使用者对于色彩的偏爱，以及使用者在该空间当中的活动方式、使用时间，使用者的风俗习惯等诸多情况。比如，儿童的房间可以多使用一些明亮、鲜艳的颜色，这样的设计方案非常有利于儿童的身心健康，促进其智力开发。

第三，设计师还应该把握好室内设计的整体风格，这样在设计的时候才能够搭配好适宜的色彩。比如，想要将居室设计成南洋风格，在色彩设计上可以选用红木色泽的家具，搭配色彩鲜艳的织物和装饰品，营造热辣、奔放的南洋气息。

（二）明确主色调

主色调就是指室内空间色彩整体的基本色调，其可以反映出室内色彩的性格、特点与风格。主色调的定位同室内表现的主题、使用者的目的相联系。室内主色调的选择是色彩设计的首要步骤，针对室内空间的使用性质与功能，能够使主色调贯穿整个室内空间，然后再考虑局部色彩的对比和变化。

（三）色彩的搭配

主色调确定之后，就应该考虑色彩的布局和搭配了。室内往往有背景色、主导色以及点缀色之分。背景色就是大面积的色彩，形成室内的主色调，占据较大的比重；主导色是室内主题家具的色彩，作为与主色调的协调色或对比色而存在；点缀色即室内陈设物的色彩，虽然所占比例较小，但是由于其风格的独特性，通常会成为室内的视觉焦点，引人关注。

（四）色彩的整体构思

对于室内色彩设计来说，色彩整体构思的重要性是不言而喻的。整体构思主要是协调好室内各种色彩的搭配和组合的方式。色彩设计的构思并不是一成不变的，而是应该根据室内的空间、性质，以及重点表现的对象，设计出合理的搭配和组合方案。比如，室内空间面积过大的时候，就不能够只考虑家具和陈设的色彩，而应当对墙面、天花、顶面、地面的色彩进行综合考虑，甚至可以给予重点装饰，当然也需要强调协调与统一。

（五）色彩的调整

伴随着时代的发展与生活的需要，室内色彩的设计会受到社会思潮、时尚文化、生活观念等诸多因素的影响和制约，并不断地调整和变化。所以对于一些特定功能需求的室内空间，就应该注重色彩的调整，营造出各种不同风格的空间氛围，给人以焕然一新、生机勃勃、不断变化的面貌。

第九章　不同价值观念下的室内设计

第一节　基于美学价值的室内设计

一、住宅室内环境审美内涵的时代特性

随着时代的进步，人们对生活品质的要求也越来越高。现代居住观念主张以人为本，创造高科技和高情感相结合、时代感和历史感并重的居住环境，并充分考虑现代人对居住生活多元化、个性化的要求，以满足人们不断变化的居住心理和精神感受。

在商品经济高速发展的社会，人们奔波于高节奏的工作场所和狭窄的生活空间。在物质需求得到满足之后，人们又感到了精神世界的贫乏，反映在居住空间上，就是生活被简化为各种不同功能的组合，而容纳人生活的住宅自然也就成为精确的"居住的机器"。高技术的生存环境迫使人们寻找高情感的平衡。于是，人们不再满足于只能解决生理需要的家居，而是更加迫切地向往人文关怀的精神家园，更需要追寻传统文脉，解决人的归属感、认同感、安全感等深层次的心理需要。人文情感的大量融入，体现了对人——生命主体的一种真正

尊重。设计信息时代的居住空间，需要通过重组住宅的基本元素来超越单纯的居住功能，使住宅成为具有更多精神含义的场所。

当代住宅的室内空间除了保障人的基本生活要求外，还需要形成一定的文化氛围，从而满足人们精神上和心理上的需求。这也是和我国整体社会发展趋势相适应的，是中国人民生活向更高水平发展的必然要求。

尽管我们处在一个信息化的时代，不同文化之间相互吸收、融合而趋于一体化，但在这样的文化整合中，地域的和民族的文化仍具有不可磨灭的存在空间。今天的建筑环境艺术无不与过去的历史文化有着某种关联或继承关系，这种关系有些是由于地域的技术、材料和风格特征的原因而形成的，有些是受民族文化和性格的影响而形成的。因此，建筑本身就是千百年来技术与文化积累的产物。建筑的空间形态与其他人文领域之间存在一种关联性。

在设计现代生活居住的室内环境时，可以因地制宜地采用具有民族特点、地方风格、乡土风味、充分考虑历史文化的延续和发展的手法。应该指出，这里所说的历史文化，并不能只从形式、符号方面来理解，而是广义的涉及规划思想、平面布局和空间组织特征，甚至涉及与设计相关的哲学思想和观点。在文化多元化发展的今天，人们的个性和自身的兴趣得到充分的尊重，人们的审美观念、兴趣取向、欣赏品位呈现多元化、百花齐放的态势，这也是社会文明、健康的一个标志。因此，应在现代居住空间中，寻找现代和传统的最佳契合点，从而创造出既现代又富有传统韵味的居住空间，体现时代感与历史感并重的主流发展趋势。

居住环境应体现出对人的关怀和理解。住宅个性的苍白是造成居住环境雷同的直接原因。住户作为居住行为的执行者，具有不同的审美意识和价值取向，住户的个性化倾向意味着对个性差异的正视和放开。个性差异从宏观上讲，指各民族、各国家的人民长期生活在既定的文化氛围内，受到传统哲学、思维方式和风俗习惯的影响而累积的独特的审美体验和民族特质。生活经验、性格气质、文化水平、职业年龄的不同，导致了个体差异，也必然导致居住需求的个性化倾向和居住方式具有个性特征。

二、住宅室内环境的视觉效应

光传递了视觉形象，居室视觉环境的塑造离不开光环境。室内光环境包括自然采光与人工照明两种。随着现代科技的发展和居住观念的更新，光不仅仅是作为满足照明要求的作用，还更为显著地体现在独特的美学层面——烘托家居气氛，是增加视觉艺术感染力的有效手段。

（一）自然采光

自然光在不同季节、不同时刻、不同环境下，可塑造出千变万化的空间艺术。它通过透射、反射、折射、扩散、吸收等方式反映空间的面貌，显露材料质感的本色，烘托室内环境的气氛。例如，北面的光寒冷而稳定，移动的光影较少，是工作室理想的选择，可以通过暖色来进行调和；东面的光随着白天的流逝，它的颜色从明亮变到中性的色彩，会给人带来欢快、温和的感觉；南面的光是温暖的，并且在一天中不停地变换着方向，它的直接光线可由冷色调中和；西面的光线是十分温暖且色彩丰富的，特别在下午时，要用窗帘、百叶窗等进行遮挡、调节，室内的冷色对其也有一定的调节作用。住宅室内的自然光设计主要是确定采光形式，即确定采光口的位置、形状、布置方案等。它应当考虑两方面因素：一方面，不同的采光形式不仅影响室内的照度分布、采光效率及建筑美观，而且直接影响着室内气氛；另一方面，采光形式还与户外景色有关。窗户的大小、形状和位置应以能观赏到最佳景色为前提。具体地说，利用自然光创造良好的意境时，应当考虑以下因素：光度（如照度值、亮度分布、亮度比等），建筑特征（如空间尺寸、体量等），家具、陈设、装饰、织物的特征和室外环境的特征等。

室内环境的采光形式有侧光、角光与顶光，它们能营造出不同的室内气氛。侧光是室内普遍运用的采光形式，其采光口形状分为点式、线式、面式，点式、线式的采光口根据位置的不同，又可分为高、中、低三种。高侧窗使室内亮度分布极为不均，接近洞口的天棚亮度较高，可以使天棚显得轻快、悬浮，当明暗对比悬殊时，会产生神秘感。中侧窗与人的身高相适应，室内亮度分布比较均匀，易产生舒适感和安全感。低侧窗使自然光顺地面进入室内，又通过地面反射到整个空间，这种特殊的光效果使空间显得十分安静，且凌空、超脱感强。

面式采光口在现代建筑中的运用较为普遍，这与现代人对自然的向往是分不开的。大面积的落地窗把窗外景致完全纳入室内，使室内外环境融为一体，四季阳光直射进室内，使房间与自然相融，人在这种环境中身心得到平衡，情绪得以调节，性情得以陶冶。

（二）人工照明

人工照明能营造家居气氛。光源的照度、光色是影响照明气氛的主要因素。人的起居行为是多样的，不同的居住行为需要不同的光照度。有些行为，如阅读、书写、备餐等必须在较高的照度下才能顺利完成，而就寝、休憩、听音乐等行为的空间照度要求较低，以求放松人的身心，这种光往往是用来烘托环境气氛或表达使用者的个性品位的。

暖色光使空间感觉亲切，并使人的肤色、面容显得健康、动人。例如，卧室常采用暖色光而显得更加温馨；餐厅多用偏暖的、显色性好的白炽灯使菜肴色泽鲜艳，增加食欲；冷色光在夏季能给人视觉上的凉爽感。同时，光的运用应与家具的色彩主调相协调。当光的对比度较弱时，室内空间各处的照度若均匀，宜使人产生平和、优雅的感觉；当室内照明对比度有变化时，对比度大的位置会十分醒目，此时可利用光来加强室内趣味。

光有助于表现空间感。作为一种特殊的工具，光和家居中的墙体、隔断、家具等有形材料一样，都可界定、分隔室内空间，不同的是，光所界定、分隔的空间具有灵活性、通透性和界面模糊性等特点，在设计中，可根据功能、气氛需求界定光空间的大小、强弱、形状、方向等，使室内空间产生丰富的层次感，满足人的领域感需求。实验表明，明亮的房间易使人产生开阔感，黑暗的房间则易使人产生闭塞感。根据人的这种心理，可运用光的照度变化来改变现有空间，或弥补空间不足。例如，对于小型居室，可用明亮的灯光在视觉上扩大空间；过高过大的客厅可用大吊灯、组合吊灯等形式降低空间的心理尺寸；而层高较低的客厅，常用吸顶灯、发光顶棚等形式减少压抑的感觉。

光有助于表现立体感。室内各元素借助光照形成体积感，在视觉上产生立体效果。立体感的强弱取决于光的光通量、强弱、位置和方向。房间照度反差小时，阴影不明显，趋于平扁；反差大时，阴影过重而欠明朗。光线的投射方向对立体效果产生重要影响。照明的方向过于单一则会产生令人不快的、强烈的明暗对比和生硬的阴影。照明的方向也不能过于扩散，否则物体各个面的照度一样，感觉过于平淡。顺光能创造良好的观看条件，但不利于表达立体感。侧光有利于表达物体的立体感，有利于表现墙面的凹凸和较粗糙材料的质感。逆光可完美地表现物体的轮廓，增加层次感，但易产生眩光。在用光上要借助生动的光影效果，来创造丰富的住宅室内空间艺术。

（三）室内色彩的主要功能和审美趋势

色彩是室内视觉环境设计中最为生动、活跃的语言，对住宅室内设计有着极大的重要性，在同一个空间里，若以不同的色彩去表现，就会产生不同的效果。若善用色彩，则不需要增加住宅装修的额外费用，就可让住宅室内环境产生无穷的变化和乐趣。

1. 室内色彩的主要功能

色彩对人的生理、心理都会产生影响。人通过对色彩的辨别、主观感知和象征联想获得各种不同的心理感受，当然，个体的色彩审美心理还会受到国家、民族的哲学思想、伦理道德的影响，会受到社会审美意识的制约，并与特定时代的社会、政治、经济、文化相联系。把握室内色彩的美学功能，能给住宅内环境带来丰富的内涵，主要体现在以下五个方面：

第一，色彩决定空间情调和气氛。色彩主要是利用色彩的知觉效应，如色彩的温度感、距离感、重量感、尺度感和性格等，来调节和营造室内环境气氛，并直接影响人们的情绪。在居室中，暖色调使人感到温馨、浪漫和有安全感，高明度的色彩使人精神振作，高纯度的色彩令人兴奋和激动；冷色调使人感到凉爽和镇定，低明度的色彩使人感到庄重，低纯度的色彩则具有使人沉静之功效。

第二，色彩可调节空间的心理距离。对于一个空间的界面，适当地使用颜色的色调、明度、纯度，可以有助于改善空间比例。例如，居室空间过于空旷时，可采用变化较多的、具有前进感的暖色调使之显得紧凑些；空间狭小时，可选用单纯统一的、具后退感的冷色调使之显得宽敞些；房间高度太低，则可刷上明亮色或冷色减少压抑的感觉；高度太高,则可将天棚处理成深色或暖色。

第三，色彩能调节室内光线的强弱，这是因为各种色彩的反射率不同。例如，朝北的房间光线较稳定，但较为沉闷阴暗，可使用明度高的暖色调，使光线明快温馨；朝南的房间光照充足，可用中性调、明度稍低的色彩改善可能产生的眩光；对于采光条件差的房间，除了以人工照明手段补足光线外，还可用明度较高的色彩来提高反射率。

第四，色彩可吸引、转移视线。在以浅色调或中性色为主体色的室内，局部用少量鲜艳色彩的艺术品、灯具、织物等进行点缀，可以打破空间的单调感，这些点缀色易成为引人注目的亮点。还可以在重点位置，如客厅的电视背景墙，改变色彩，这也是使事物成为视觉中心的一种有效手段。

第五，色彩的互动作用在一定程度上会影响室内色彩的审美体验，不容忽视。色彩在协调中得到表现，在对比中得到衬托，色彩的选用一定要考虑邻近的其他色彩及其空间的材料。要认真研究使用色彩的整体环境。两种相邻色彩的相互影响使每种色彩都向另一种颜色的补色方向变化，同一种颜色在不同的色彩背景里在视觉上会产生差异，如单从色彩的角度看，淡色往往是不鲜艳的，但与另一种对比色在一起，淡色就会变得活泼，而纯度亦会增强。

2. 室内色彩的审美趋势

色彩作为一种实用美学成为提高生活情趣的一个重要手段。现代家居的色彩环境审美心理呈现以下趋势：

第一，注重色彩的个性化。色彩的联想具有社会共性，同时与人的性别、性格、年龄、职业、素养和习惯爱好有直接关系。不同的人对色彩的爱好和联想不同，因此，对色彩的需求也各不相同。性别不同，对色彩的选择也不同。一般而言，男性粗犷刚毅，居室多偏向明快的冷色；女性细腻温柔，居室偏爱舒适安逸的中性色或偏暖色系。性格也影响人们对色彩的选择。通常来说，高明度与高纯度色彩的运用说明房主多半开朗活泼、热情坦率；冷调、低明度和低纯度的色彩，表明使用者个性冷静理智、深沉含蓄；而中性色彩则暗示着使用者中庸和不偏激的处世原则。职业不同，色彩选择也不同。很多艺术家喜爱夸张浪漫、随心所欲的生活色彩；而科学家严谨理性，通常会偏爱素雅深沉的家居色彩。年龄不同，色彩选择也不同。儿童的房间常用明快、纯度较高的颜色突出活泼童趣；青年人通常喜欢明度高、对比强烈的色调，符合其时尚敏锐的性格特征；老年人的居室宜用温柔的浅暖色调，使其保持心情舒畅，也能突出老年人平和安详的心态。人对色彩本能的敏感以及色彩的联想意义，使得重视人本的现代家居设计呈现出愈发注重以色彩来彰显主人个性的趋势。

第二，注重色彩的流行性。色彩与时尚有着密切的联系，色彩必须体现时代的精神风貌。流行色已经成为一个世界性的概念，时尚是它的基本特征。流行色是人类社会物资生产高度发展的必然产物，也是人类文明的标志之一。流行色影响我们的衣食住行，包含服装、化妆品、包装、建筑、室内装饰、产品设计等多个领域，家居色彩也不可避免地受到流行时尚的影响而不断推陈出新。自然风格就是随着国际上日益风行的环保运动应运而生的，其倡导的回归自然理念颇受现代人的青睐，利用家居中天然的材质本色营造一种健康舒适的空间氛围，体现人们崇尚自然休闲的天性。

二、住宅室内环境的空间意境

意境是中国美学的一个重要范畴。意境这一概念贯穿唐代以后的中国传统艺术发展的整个历史，渗透几乎所有的艺术领域，是中华民族美学的精髓。空间意境离不开情景交融的审美意象，是由审美意象升华而成的，是空间形象与情趣的契合，情与景的统一。住宅室内空间意境的创造主要体现在以下三个方面：

山水意象构成的空间意境通常都是人文景观与自然景观的融合体。我国历史上形成了长期的农业性的自然崇拜。这种感恩型的自然崇拜，经过漫长的历史而积淀为民族的文化心理结构，在哲学上表现为"天人合一"的思想，在美学上则把自然山水景象视为"天道"的象征或表征。对自然美持亲和态度，这在儒、道两家的美学观中都有体现：儒家把自然美与人的精神道德情操相联系，道家则把自然美的欣赏提到精神自由、心灵解放、无限时空、物我超越的最高境界。这些东方的美学观对现代居住环境产生了深远影响，集中表现在家居设计中尽量追求自然、健康、精神的意境。例如，直接在住宅室内环境中引入自然景物或通过室内外空间的交融、渗透，从自然的生机中获得心旷神怡的审美享受，乃至从中领悟宇宙、历史、人生的哲理；又如，人们喜欢在宅院中种植松、梅、竹、兰、荷，或摆放以它们为主题的绘画和书法作品，欣赏松的岁寒后凋，梅的独傲霜雪，竹的虚心有节，兰的处幽谷而香清，荷的出淤泥而不染等。

山水意象构成的空间意境还与避世士大夫文人理想的生活息息相关，它的基本范式就是田园式的自然生活。由于城市居住环境的局限，这种田园山水意象往往以小喻大、以少胜多，一拳石则苍山万仞，一勺水则碧流万顷，带有浓厚的抒情意味。意境是由审美意象组合而成的，这种组合经历了"虚实相生"的过程。"虚实相生"是生成意境的关键所在。

空间意境的生成是空间景物与人之间的相互作用，意境是人感悟所寻求的结果。而感悟是一种个人的行为，由于人的世界观、文化视野、艺术修养和嗜好的不同，其感悟必然存在差异，进而产生了意与境的不同，这就需要对人的感悟过程进行鉴赏指引。用文学手段介入意境空间的塑造，利用文学语言弥补建筑语言的欠缺，大大拓宽了意境蕴含的深度和意境接受的广度。诗文指引、题名指引、题对指引构成了文学手段介入建筑意境的三大途径，特别是匾额和楹联，体现了文学意象和建筑意象的有机融合，对意境的构成和鉴赏指引都起到了重大作用。

对于住宅室内环境，我们不能过多地研究设计过程中的诸多技艺、空间的划分而忽略了空间意境的经营及人对意境的感悟。这种深邃、优美、高雅的空间意境并非只能由传统建筑形式来表现。道法自然，故而"道不孤行"，因此现代住宅建筑的材料、结构虽已与古代大不相同，却丝毫不妨碍设计师借鉴传统建筑意境的精髓来创造当代住宅室内环境空间的意境美。

三、当前住宅室内空间的审美倾向

住宅室内空间的构造除自身的功能属性要求与环境制约外，还在很大程度上受制于使用对象的审美倾向。不同的欣赏角度势必导致不同的空间审美准则，当空间形式美的创造符合与之相适应的审美准则时，其使用价值才存在。因此，对审美倾向的了解和对构成审美倾向因素的认同，是沟通欣赏和被欣赏、承认与被承认其构造价值的关键所在。

空间构成的形式选择与风格定位在很大程度上受审美倾向的局限，现代住宅室内空间审美倾向大致有以下几种：

第一，新古典主义。它是古典与现代的结合物，它的精华来自古典主义，但不是仿古，更不是复古，而是追求神似。作为一种美学范畴，新古典主义广泛出现在各行各业，包括文学、绘画、音乐、建筑、室内设计、产品造型设计等许多方面。从广义上讲，新古典主义是指在传统美学的规范之下，对现代结构、材料、技术的住宅室内空间，用传统的空间处理和装饰手法（适当简化），以及陈设艺术，去演绎传统文化中的精髓，使室内空间拥有典雅、端庄、高贵的气质，使其既给人以历史延续和地域文脉的感受，又具有明显的时代特征，反映了后工业化时代现代人的怀旧情结和传统情绪。

第二，简约主义。随着人们观念的更新、生活水平的进一步提高，奢侈、享受、豪华的家居环境逐渐被一部分人摒弃，人们更加向往宽松、简洁、闲适的居家氛围。中国大都市的消费者，特别是白领阶层越来越多地接受了"简约就是美"的观点。在精致的居室里进行简约的装修，摆放简约的家具，这种新的生活方式展现了主人的品位，表达了其生活的品质。

简约主义强调的是"恰如其分"，在不影响功能的前提下，运用非常精到的手法和巧妙的构思达到一种视觉上和心灵上的强烈冲击力，它的表象就是构图上的完美、语汇上的精练和超越时空的现代感。任何与达到这个目的无关的"道具"，如构件、饰物、陈设、线脚等，统统被省略，但光与影却大受青睐。简约主义绝不是单调和虚无，而是形式和次序上的"简与少"，意境和品位上的"繁与多"，往往是通过一些极其简单的形、光、色来完成形式上的演绎，以达到情境上的无限扩张。简约主义是与经济发展及高新技术的进步相结合的，追求装饰工艺的精致及功能与效果的完美。简约主义因考虑文脉、尺寸、生活、人性这些因素而显得丰富，而空间神韵是简约主义追求的最后效果。

第三，自然风格。生活再怎么现代化，人们总有追求原始、回归自然的天性。也许，这正是人性化的一种内在表现。生活在现代社会的人们长时间处在一个完全人为构造的环境中，工作压力和精神紧张，使人们迫切需要找回一种真实的生活状态，渴望住在天然、绿色的环境中。自然风格倡导"回归自然"，在美学上推崇"自然美"。这类住宅的室内空间强调与环境的融合，主张创造安宁和谐的居室氛围，朴素、雅致是它的突出特点，空间造型简洁有序，多运用原木、石、藤、竹、棉麻等质朴天然的材料和自然柔和的色彩、绿化，以及室内外空间的相互交融等设计手法，在住宅中营造自然的、田园的舒适气氛。日本居室就是颇具自然情调的好例子。从用带皮的树干造的梁、椽，到选用细腻木材制作的壁龛、日用器皿，居室中运用了大量木材来构筑，窗户都比较低矮，拉门和窗格均由纸糊成，阳光一照，透彻明亮，传统障子门开启后形成空间的延伸,与自然亲切对话。自然派的另一种新乡土风格强调乡土味和民族化的倾向,尊重地区的差异性,强调室内氛围的归属感。在设计中尽量使用地方材料和做法,表现出因地制宜的特色,使整体风格与当地的风土环境相融合,也体现了一种乡土古歌自然传唱的情境。

第四,高技派。高技派是活跃于 20 世纪 50 至 70 年代的一个设计流派。其特点是在设计上坚持采用新技术,在美学上崇尚"机械美"、富于未来感的空间创造和提倡无装饰的装饰美学。具有高技风格的室内特征主要为:强调透明和半透明的空间效果,喜欢用透明的玻璃,半透明的金属网、格子分割空间,形成室内层层叠叠的空间效果;喜欢使用新的现代材料,尤其是不锈钢、铝塑板或合金材料;结构构件或设备、管道常暴露在外,如把室内水管、风管暴露在外,或使用透明的、裸露机械零件的家用电器;在功能上强调现代居室的视听功能或自动化设施,以家用电器为主要陈设,构件节点精致、细巧,室内艺术品均为抽象艺术风格;善用光、色彩增加室内空间的魅力等。

在时尚风行的今天,室内设计的审美倾向变化日趋繁多。时尚的室内设计各有千秋,它们力求将不同的装修风格、特色融会贯通,注重个性化与人性化的结合,营造出能够反映个人生活品质的梦想室内空间。

第二节　基于生态价值的室内设计

一、生态住宅室内设计的特征与设计原则

生态住宅室内设计是一种可持续发展的设计,主要包括灵活高效、健康舒适、节约能源、保护环境四项主要内容。环境要素是生态住宅室内设计的核心问题。生态住宅以人为本,以生态经济为基础,以生态技术为支撑,以人与自然的和谐统一为追求。

（一）生态住宅室内设计的特征

作为生态住宅重要组成部分的室内空间，除具有一般意义上的住宅室内空间所具有的一切基本特征外，还具有许多不同于一般住宅室内空间的特征，概括起来主要有：健康舒适、高效清洁、协调共融、开放持续。

1. 健康舒适

健康舒适的住宅室内环境是人们的基本生活需要。通过各种生态技术手段营造舒适健康的住宅室内空间，使用绿色建材，形成健康良好的声、光、热、气等室内环境。在心理方面，生态住宅室内环境要保证家庭生活所需要的安全性、私密性，满足人对自然的渴求，还要有创造性地延续当地的传统文脉。

2. 高效清洁

高效意味着生态住宅与室内环境在整个生命周期中应尽可能提高资源和能源的使用效率，尽可能采用太阳能、地热、风能、生物能等可再生能源和再生材料。清洁意味着要使废水、废物无害化、减量化、资源化，最大限度地减轻对自然生态环境的污染和破坏，以最低的成本、最少的污染换取最大的社会经济效益。

3. 协调共融

生态住宅与室内环境是在遵循生态规律的基础上的创造，对自然环境来说是清洁高效的，对使用者来说是健康舒适的，从而使人、建筑、自然三者的关系处在相融的和谐状态之中，包括生态住宅室内环境与自然景观相融合、与社会文化相融合、与地球生物圈的生态环境协调、融合。

4. 开放持续

生态住宅与室内环境的设计、建设、使用是一个持续发展的动态过程。它具有开放性，强调自身形成过程中与生态大系统中多种因素的交互影响，强调居住生活中使用需求、使用对象的动态性和居民参与设计的重要性。

（二）生态住宅室内设计的原则

生态住宅室内设计要达到良好的环境效益、经济效益、社会效益，需要遵循环境、健康、经济技术、社会人文和从气候出发的原则。

1. 环境原则

环境原则强调，人与自然和谐发展是生态可持续发展的宗旨，对环境的关注是生态室内设计存在的根基。与环境协调的原则是与环境共生意识的体现，室内环境的营建和运行与社会经济、自然生态、环境保护的统一发展，使住宅室内环境融合到地域的生态平衡系统之中，使人与自然能够自由、健康地协调发展。生态住宅室内环境设计，不仅要求室内环境与周围自然景观之间的协调，还十分强调在生态意义上与整个自然环境之间的协调。

2. 健康原则

健康的住宅是能使居住者在身体上、精神上、社会上完全处于良好状态的住宅。住宅室内本身是一个健康的、可自由呼吸的、各方面性能良好的有机体。要使用绿色建材，提高室内的空气质量、温度、湿度、光照等物理环境品质，而且应考虑包括平面空间布局、私密保护、安全需求、视野景观、材料选择等主观性心理因素，回归自然，关注健康，增进人际关系；能满足使用者生理、心理和社会的多层次需求，为其营造健康、安全、舒适、环保的高品质住宅室内环境。

3. 经济技术原则

生态住宅室内在设计、建造、使用方面，选择合适的技术，运用新材料、新构造，降低在加工制造装修材料、配件、家具的过程中所消耗的能量。合理利用气候、阳光等自然因素，减少能源的损耗和浪费，提倡能源的重复循环使用，实现高效、少费，从而达到良好的经济效益。这种效益不能以局部利益和近期利益为依据，而是要从总体、长远的角度来看，由此促进效益的提高。

4. 社会人文原则

生态住宅室内设计应自觉地促进技术与人文的有机结合，尊重传统文脉和地域文化特点，尊重当地居民的生活方式、文化心理结构，遵守当地的政策法规，重视室内设计创作的文化内涵，建立人情化的居住环境。生态住宅室内环境是当地居住建筑文脉创造性的延续，不仅要在物质上满足舒适、健康的要求，而且还要在精神上产生认同感和归属感。

5. 气候原则

地理气候条件不同，生态住宅与室内设计方法也不同，但它们的观念却是相通的。在中国，南北纬度的跨度很大，气候条件应该成为我国住宅与室内设计多样性一个重要的影响因素。

二、影响住宅室内环境的物理要素

住宅室内的通风、采光、日照、温度、湿度、噪声等因素，直接构成了室内的物理环境，是体现住宅室内环境的健康性和舒适度的重要指标。

（一）空气质量

1. 室内空气污染对人体的危害及其严重性

人一生大部分的时间是在室内度过的，因而室内环境质量对人的健康至关重要，对人的精神也有重要影响。国际上的一些环境专家提醒，在经历了工业革命带来的煤烟污染和光化学烟雾污染之后，现代人正面临以室内空气污染为标志的第三代污染。室内空气污染这一"隐形杀手"正越来越严重地影响人们的身心健康，尤其是对儿童、老年人以及病人。

2. 源头控制改善室内空气质量

为取得良好的室内空气质量，最有效、最简单的方法是从源头控制污染或有害物质，这比清除它们带来的不良影响要容易得多。

良好的自然通风和日照是保证室内空气质量的基本要素。健康的住宅室内环境应在设计中注意通风效果，最好有穿堂风，还要满足国家规定的日照间距要求。在我国，油锅烹饪的饮食习惯使得厨房中空气污染尤为严重，因此需合理设置窗户、通气孔、排气扇、抽油烟机等来保证厨房内的污浊空气通过烟道或窗户等及时向外排放。卫生间的空气湿度高，容易滋生细菌，因此，必须设置窗户、通风口或者排风设备；卫生间的门下侧一般设计为通风百叶窗，以保持空气流通。选用绿色的室内装饰材料与家具，是减少室内环境污染的有效手段。尽量使用不含或少含有害成分的建筑与装饰材料，最好选用无毒、少毒、无污染、少污染的施工工艺。目前，家装企业推出的绿色施工方法，在工厂流水生产，到现场进行拼装，减少了施工工艺和过程对室内空气质量的不良影响。

正确地布置、安装和使用合格的家用电器，能减少由电器产生的电磁场污染。电磁场的强度随着距离的增大而减小。距电器越远，电磁感应作用就会越小，故电器的摆放不宜离人体太近，以减少电磁场辐射。合理选择绿色植物，净化室内空气。室内的花卉除了要根据不同房间的面积、色调、用途来摆放外，品种的选择也很重要。有些植物是室内有害气体天然的"吞噬者"，如吊兰、芦荟、虎尾兰、扶郎花能吸收香烟中的"尼古丁"，消除甲醛；常春藤、铁树、菊花、文竹、仙人掌、龟背竹能分解、吸收甲醛、二甲苯、苯；垂挂兰能吸收一氧化碳和甲醛；巴西铁、雏菊可清除存在于洗涤剂和黏合剂中的三氯乙烯；山茶花、杜鹃、米兰、木槿、梅花能吸收二氧化硫、氯化氢和硝酸烟雾等有害物。相反，有些花卉则会释放有害气体，污染室内环境。带有某些异味或浓烈香味的花卉，如松柏类会发出较浓的松油味，久闻会导致食欲下降和恶心；夜来香、郁金香、玫瑰之类的植物香味浓烈，长时间呼吸这种气味会令人反感。一些花卉会使人产生过敏反应，如月季、玉丁香、五色梅、洋绣球、紫荆花等均有致敏性，碰触它们易引起皮肤过敏。而耗氧性花草，如丁香、夜来香等，在进行光合作用时会大量消耗氧气，而在夜间停止光合作用时，会排出大量废气，会使高血压和心脏病患者感到郁闷，因此不适合在卧室里摆放。带有毒素的花卉，如含羞草、一品红、夹竹桃等，也不适宜在室内摆放。

（二）热舒适度

1. 热舒适度对人体机能及生活的影响

室内热舒适度环境是由温度、湿度、空气流速、换气次数和大气压等条件的综合作用决定的。室内热舒适度环境与人的身体健康和工作学习的效率有着密切的关系。温度对人体热调节有重要的作用。在高温下，由于散热不良而引起人体温升高、血管舒张、脉搏加快、心律加速，因此人们在夏天常常食欲不振，进行体力劳动时易感到疲劳；温度过低，则会使人体代谢功能下降，脉搏、呼吸减慢，皮下血管收缩，呼吸道黏膜的抵抗力减弱。

高湿、高温环境，会抑制人体散热，使人感到十分闷热、烦躁，而低湿、低温环境，则会加速人体的热传导，使人觉得寒冷、抑郁，易诱发呼吸系统疾病。然而，人的体感并非单纯受温度、湿度两种气象要素影响，而是两者综合作用的结果。通过实验可知，最适宜人生活的室内温、湿度是：冬季温度为 $18 \sim 25$ ℃，湿度为 $30\% \sim 80\%$；夏季温度为 $23 \sim 28$ ℃，湿度为 $30\% \sim 60\%$。当室温为 $19 \sim 24$ ℃，湿度为 $40\% \sim 50\%$ 时，人感到最舒适。

空气流速对人体的作用也很重要。不同季节、不同空气流速对人体的影响也不同。在夏季气温低于皮肤温度的情况下，人会感到凉爽舒适；当气温高于皮肤温度时，空气的流动也会促进人体从外界吸收热量，从而产生不良影响。在冬季，风常会使人感到更加寒冷，特别是在低温高湿的环境中更明显。风速对室内温度的调节作用非常明显，在同样温度、湿度的室内环境下，不同的风速会影响人的舒适感。空气流速可以促使室内温度的变化，如夏季夜晚室内外温差较大，通过风的流动可把室内的热空气带到室外，降低室内温度。

2. 室内热舒适度环境设计

生态住宅要求在设计、建造和维护使用等各个环节都采取行之有效的措施，以达到良好的室内热舒适环境。在进行住宅室内设计时，不应该破坏或削弱建筑原有围护结构的保温隔热性能。冬季寒冷时，如果原有建筑安装的门窗性能较差，应更换密封性性能、保温性能良好的门窗；夏季炎热时，尽可能增加室内空气的对流，合理使用房间的穿堂风。在没有空调的居室中，除风压通风外，还可利用热压通风方式，改善空气对流；在有空调的居室中，应尽量利用变频空调设备自动控制室内环境的热舒适度。在冬季寒冷的地区，争取让更多的阳光照入室内，增加室内的热量。在夏季炎热时，则采用遮阳板、遮阳棚、遮阳百叶等遮阳设施和绿化设施，防止阳光对室内的直射。在冬季寒冷的地区，住宅室内可多采用木材、织物等给人温暖感的装修材料，避免或减少使用地砖、玻璃、不锈钢等给人坚硬、冰冷感的装修材料，特别是在人体经常接触的位置。

（三）光环境

1. 光照对人生理、心理的影响

光照对人的身体健康、情绪和行为都有重要影响，生态住宅室内设计必须考虑充分的自然光和人工照明。阳光中的紫外线可以消灭室内空气中的细菌，明亮的日光还可以促进人的血液循环。有研究表明，人身上的众多健康问题可能是缺少完整的波谱光线和某些人造光线中缺少紫外线而导致的。缺乏阳光可导致人患上季节性情感障碍，这种现象在高纬度地区较明显。这些有忧郁症倾向的"光饥渴"的患者在光照不足的情况下，非常容易消沉、嗜睡、压抑，严重影响其生活。

一般而言，人们对自然光的喜好远远超过人工光线，因此，在住宅室内设计中，人工照明不能取代自然光，二者缺一不可。住宅的光环境质量不仅决定了人们的工作效率，以及室内的安全、舒适和方便，还与室内的美学效果有直接的关系。它分别从视觉心理、视觉生理等不同方面影响着人们。

2. 室内光环境设计

尽量利用自然光。无论是从人们身体健康角度，还是能源成本角度，生态住宅的室内环境设计都应该优先考虑自然光的合理利用。通过巧妙的设计，既可获得良好的室内光环境，又可产生奇妙的光影效果。

合理选择照度标准。创造良好的视觉条件，以便快速、清晰地识别对象，减少差错，提高工作效率。

合理选择照明方式。良好的家居光环境设计应结合环境照明、工作照明和气氛照明三种照明方式，选择合适的灯具及恰当的悬挂高度和方式。环境照明要求整个空间内的照度比较均匀。工作照明在学习、工作的位置辅以照度较高的局部照明，应避免眩光刺激人眼。气氛照明注重以光来营造室内环境氛围。

合理选择照明灯具。选用高效节能的光源、灯具是绿色照明设计的重要内容。例如，新型的荧光灯有可调节的电子镇流器，亮度可调节，发光效率高，是家庭常用的普通白炽灯的 4 倍。卤素灯泡因显色性好，故选择卤素灯泡，对从事对颜色要求较高的工作的人来说，可使其工作质量更高。

注重照明的色彩感受。不同的光源会造成不同的色彩感受，光色能影响人的情绪。一般家居休息时喜用低色温的光（小于 3300 K），工作时用高色温的光（大于 5000 K）。

（四）声环境

1. 声音对人的影响

家是让人放松休息的场所，家居要求尽可能地降低环境噪声，创造宜人的听觉环境。适宜的听觉环境有利于人的生理和心理活动健康。

影响家居环境的噪音主要来自交通噪声、施工噪声、工业噪音和生活噪声等。噪音使人烦躁、无法集中精神，影响人的工作和学习，妨碍人的休息与睡眠。长期在噪音环境中生活，人的听觉系统会受到损害，出现神经衰弱的症状，如头痛、头晕、易疲劳、失眠等，易诱发神经系统和心血管等方面的疾病，对儿童、孕妇、老人等常待在家里的人群的健康尤其不利。

2. 室内声音环境设计

在建筑中，应将需要安静的房间，如卧室等，布置在远离噪音声源的一侧，并对室内空间进行合理的功能分区，将会发出较大噪声的房间，如娱乐室、起居室、餐厅等，与需要保持安静的房间分开布置，中间以走道等过渡性区域分隔，以减少噪音的干扰。

提高门窗的隔声性能。在玻璃与窗框间增添或更换性能良好的密封条，将窗框与墙体之间的缝隙修补填实，这样可以明显改善房间的隔声性能。

采用新型的隔声玻璃或双层玻璃可提高隔声量。分户门采用三防门，阳台可封闭设置成阳光间，这样既能降噪防尘，还有生态调节的作用。

使用吸声材料。尤其在卧室、书房等需要特别安静的场所，地毯、墙体的软质贴面材料、吸声顶棚，以及室内的柔性织物，如窗帘、床上用品、布艺沙发等可吸收一些直达声。家庭中的视听室应使用专门的吸声材料作墙面和顶面的内衬。石材、玻璃和金属材料会加大声音的传播，应谨慎使用。室内采用轻钢龙骨石膏板轻质隔墙，在两层面板之间填充合适的隔声材料，可达到较好的隔声效果。

三、影响住宅室内环境的心理要素

（一）安全性对人的影响

家是满足人类的各层次需要的核心区域。"需要层次理论"是美国心理学家亚伯拉罕·马斯洛最先提出的。他把人的需要从生理、安全、社交、自尊到自我实现分为五个层次。在高层次的需要出现之前，低层次的需要必须在某种程度上先得到满足。因此，安全性是人的基本需求之一。

（二）安全性与住宅室内设计

家庭安全事故多源于施工质量、产品性能与设计问题。从设计的角度来说，应选用健康的工业设计（Healthy Industry Design，HID）产品。例如，电器开关、插座的接线端子插接化，带电部分全封闭，灯具采用卡接式底座，都是有效减少触电隐患的好方法。同时，必要的监测装置，如火灾报警、防盗报警、煤气泄漏报警等，也应逐步得到推广应用；根据人体工程学中的人体尺寸及活动范围，合理布置家具，尽量避免行为空间过分狭小以致经常磕碰。在选择家具时，避免选择有粗糙的表面和有尖角的物体；储藏柜的可调式搁板和横杆使用灵活方便。厨房的设计应该是把常用的厨具和食物存放在方便取用的地方。在浴盆、淋浴间和盥洗设备等易打滑处，应视情况安装扶手。厨房、浴室的地板和浴缸、淋浴间等设备选用防滑材料。地平面高度的变化应当用栏杆或扶手、植物或家具加以明确的标示，过道、楼梯要有充足的照明。此外，施工质量应得到保证，须按照相应的施工规范和各部分质量验收标准进行施工，避免因施工不符合规范及施工材料品质低劣而造成的事故。

隐私权是每个公民的重要权利，在我们日常生活中尤为重要。对建筑与室内设计师而言，深入了解室内设计的私密性可以帮助他们设计更完善的、尊重隐私权的建筑环境，从而提高房屋主人的生活质量。

（三）拥挤与室内设计

1. 密度与拥挤

密度是每个空间单位中的人数的客观数值。拥挤是密度、其他情境因素和某些个人特征的相互影响，通过人的知觉—认知体系和生理机制，使人产生一种有压力的状态。拥挤是个人的主观反映。密度是拥挤感受的必要条件，但并非高密度必然导致拥挤。

2. 影响密度的因素

（1）个人影响因素

个人影响因素首先是个人的人格特征、偏好和预期。其中，一个重要的影响因素是联盟倾向或社交性。喜欢和他人在一起的人对高密度的情境有较高的忍受度。人们对密度的偏好和预期，影响了他们对拥挤的感知。性别、文化和经验也会使人在密度喜好上有所不同。多项研究表明，不同文化背景的人对高密度的感受不同。曾有过高密度经验的人较能适应拥挤的环境，但有较多高密度生活的人也容易和别人起冲突。

（2）情境因素

环境分首属环境和次级环境。在首属环境中，人们待的时间长，并在这里从事主要活动，如住宅、办公室；在次级环境中，人们待的时间短，如交通工具、休闲场所。高密度对首属环境比次级环境更具破坏性。影响拥挤感受的情境因素包括：人际关系的状况、附近的人的行为。首先，是共享空间者之间的关系状况。如果共享空间中人们的关系比较好，那么这种关系可以缓和人们拥挤的感受。除了关系外，附近的人的行为也会影响拥挤感受，有时人数的多少并非拥挤的主要原因，而是周围其他人从事一些自己不喜欢的活动，会让人们觉得拥挤，如大声喧哗等。

物理情境也会增加或减少拥挤的压力。与拥挤有关的物理情境包括房间的布局、家具安排、天花板高度、室内照度、隔断与墙面的色彩、材料等。如果室内净高较低、阳光罕见、照度不够，以及出现不合理的室内空间安排、不够整齐统一的家具布置与设计，都可能使拥挤的情况恶化。

3. 高密度与人类行为

许多研究人类对高密度的反应的实验都显示，高密度会导致压力与生理激发，如高密度会使人的脉搏加快、血压升高，以及增加皮肤传导性。

目前已知，高密度会影响人们社会行为。尤其在人屈服于高密度情境时，会产生自身对他人的喜爱度降低，回避社会交往，减少空间行为和降低审美能力等消极影响。

当然，高密度的影响并非都是负面的，如露天音乐会、足球赛场等都是欢愉的高密度情境。因而，高密度对人类行为的影响不能一概而论。

4. 拥挤与住宅室内设计

拥挤可能会导致领地行为，对领地的控制能减少拥挤带来的压力和过分刺激。恰当的住宅室内环境设计，可以降低高密度的负面效应，能在有限的空间内缓和拥挤的感受。要改善使用者对空间拥挤的感受，就要先合理、方便地安排空间。房间的公共部分之间可考虑开敞或半开敞，如"客厅、餐厅合一""餐厨合一"等布局，或用灵活通透的分隔方式，使视线隔而不断，可降低室内的拥挤感。

房间内家具的统一设计会比随意摆设使空间显得宽敞。例如，房间面积较小，家具选择小型化，或采用组合家具的形式可节省空间，又会在视线上显得整齐。家居中还要考虑设置充足而整齐的收纳空间，可以避免拥挤杂乱，创造一个干净整洁的空间。室内净高应根据气候因素及房间面积而定，太低的室内净高会使人产生拥挤的感受，故大面积天花吊顶的高度不宜过低。室内空间若不大，设计时更应注意空气易于流通及采光要充足。墙壁、天花板用浅色也会使空间显得更宽敞。

四、生态住宅室内环境中的技术措施

（一）室内设计与诱导式建筑构造技术结合

在生态住宅设计中，诱导式建筑构造技术设计可以有效减少能源的消耗。诱导式建筑构造技术设计包括采暖措施、降温措施、遮阳设计、通风除湿设计等。这些技术措施在设计时应进行综合考虑，将尽可能多的功能整合在单一的建筑元素中，并且加以优化，以达到最优的生态、经济、环境效益。

通过诱导式建筑构造技术设计，可以有效地利用自然通风、自然采光，提高住宅室内的舒适度，满足住宅室内的采光通风要求。尽管诱导式节能技术大都由建筑师和承建商决定，而非由室内设计师所决定，但生态住宅室内设计，必须加强室内设计师和建筑专业人员之间的交流与协商。把诱导式建筑构造技术的外在形式作为"部件""元素"融入住宅室内设计。通过科技手段、遵循美的法则，进行人工生态美的创造。这不仅为室内设计增加了新内容，而且也能获得良好的生态效果。

（二）节约常规能源技术

生态住宅室内设计强调在室内环境的建造、使用和更新过程中节约常规能源。门窗是住宅保温的薄弱环节，玻璃材料的保温技术是生态住宅节能的关键之一。现代科技研制出的吸热玻璃、热反射玻璃、低辐射玻璃、电敏感玻璃、调光玻璃、电磁波屏蔽玻璃，以及保温墙体等新型材料具有许多优越的性能，如能将复合构造形式与室内设计结合，可以达到保温和采光的双重效果，从而大大节省能源。此外，照明是能源保护的另一个部分。节能型灯具耗费的能源较少、使用寿命较长，效果则要强得多，如在室内装修中的充分运用节能型灯具，能起到节约常规能源的效果。

（三）可持续的资源的利用

以前的住宅多利用煤、油、电等不可再生资源。从环保和节能的角度出发，应充分利用太阳能、地热能、风能、生物能等可持续资源。目前，最有广泛使用前景的是太阳能利用技术。太阳能利用有主动式和被动式两种。主动式主要由集热器、管道、循环装置、散热器等组成。主动式太阳能采暖效果好，但需消耗辅助能源，而且设备复杂，投资高，但从长远利益看，对这种系统的初装费用的支出还是值得的。被动式太阳能采暖不需任何其他机械动力，白天直接依靠太阳能供暖，多余的热量被热容量大的住宅构件（如墙壁、屋顶、地板）、蓄热槽的卵石、水等吸收，夜间则通过自然对流放热，达到采暖的目的。这种方式的优点是投资少、管理简单，其缺点是对日照质量的依赖较大。

在生态住宅设计中利用太阳能，必须和建筑与室内本身进行有机的结合，使太阳能设施、技术，可以自然地融入建筑物中。例如，可利用屋顶、阳台及住宅内的其他空间设置阳光室。阳光室除了可作为一种集热设施，为其毗连的房间供热外，还可用来作为休息、娱乐的空间。同时，阳光室的设计要通过某些手段保证其夏季良好的通风及遮阳性能。在住宅中设置阳光室既可减少室内热损失，大大降低住宅的采暖能耗，同时扩大了生活空间，并使空间更为丰富。总之，太阳能设施、技术的应用会使住宅室内空间呈现出一定的特点，也对室内装修设计提出了一些新要求。这需要在室内生态设计中认真研究解决。

（四）与现代高技术相结合

以计算机技术、自动控制技术、电子技术、材料技术等为代表的现代高科技在住宅室内设计中的应用，将对采光、通风、温度、湿度、照明、安全警戒、火警，甚至一些家用电器进行调控，并通过程序指令在规定的时间启动或关闭，或对异常情况做出回应。例如，美国发明的"智能屋"，使用创新的内置线路系统，能够使居住者更方便、更好地控制周围环境。这种"智能屋"能够显著地减少能源消耗，同时，提高房屋的舒适、安逸和安全程度，得到了美国房屋建筑商联合会的肯定。现代高科技对住宅室内环境产生巨大的影响，有可能使住宅室内环境设计出现一次新飞跃。

住宅的节水技术是生态住宅室内设计很重要组成部分，它主要包括节水设备的使用以及水的循环利用。

经验表明，居民用水量减少 30% ～ 50% 对其生活方式无影响。实现节水，除了让居民牢固树立节水观念之外，推广节水设备势在必行，可使用节水龙头、节水马桶、节水卫浴设备等。例如，有限流器的莲花喷头和水龙头，与充气器结合使用，可限制流量且不减小水柱的直径。再如，安装新的节水马桶，每次的冲水量可从过去通常的 19 升减少到 6 升。

在家居生活中，有很大一部分只需低质水就可满足用水要求，然而大量的可饮用水却被用于冲厕所、洗涤、洗澡等非饮用用途。住宅中采用再生水和直饮水的分质供水，可以节省水约 50%，能更合理配置水资源，实行分质、分类多种水源供水，实现优质优用的目标。在生活中，可将家居生活中排放大量的沐浴及盥洗水，经适当净化处理后，供冲洗厕所、绿化灌溉、道路保洁及补充部分冷却循环使用。另外，收集雨水也是一种很好的选择，经过简单技术处理的雨水可以用于家庭日常冲洗厕所、洗衣、浇花等。

目前，日常生活中产生的大量室内废弃物不但造成资源的极大浪费，而且成为主要的环境污染源之一。生态住宅室内设计非常重视室内废弃物的处理。室内废物主要有生活垃圾，人、动物等的排泄物，以及各种废旧物品，如废纸、废瓶子、废旧电池等。减量化、资源化和无害化是控制固体废物污染环境的主要途径之一。另一途径是尽可能地利用资源和能源，减少废弃物的排放，尽量少使用或不使用难以自然降解的物品或材料。在室内环境的设计、建造和日后的运行中，都必须采取相应的措施来保持室内环境的整洁，同时减少废弃物对室内环境和自然环境的污染。

为促进住宅室内日常废旧物品被更有效地处理回收，可在住宅里留有空间来放置容纳不同垃圾的容器，使使用者能够把纸、玻璃、塑料和有机材料分类搜集，分开存放，以免垃圾进入处理厂后再由人工分类，而造成人力、物力、财力的浪费，以及对环境的二次污染。对于一些有毒的、放射性的废料，则要严格按照有关要求进行特殊处理。

生态住宅室内设计应减少建筑装饰废料，减少有害材料的使用。通常对于住宅装修的预期使用寿命需要进行有价值的评估，设计时要考虑建筑装饰废料的回收和再利用。例如,铝比钢具有更高的内含能量,而且在住宅的使用后期,它比钢需要更少的能源进行再循环。

生态住宅室内环境建设中,对于材料、物品的选用主要强调两方面:一是提倡使用 3R(reduce,recycle,reuse)材料,分别指可重复使用、可循环使用或可再生使用;二是选用无毒、无害、不污染环境、有益人体健康的绿色建材。绿色建材又称生态建材、环保建材和健康建材等。绿色建材是指采用清洁卫生生产技术,少用天然资源和能源,大量使用工业或城市固态废弃物生产的无毒害、无污染、无放射性、有利于环境保护和人体健康的建筑材料。

绿色装修材料正在逐步实现清洁生产和产品生态化,力求在生产和使用过程中对人体及周围环境都不产生危害。这是所有建筑材料的发展方向。发达国家广泛采用了吸异味墙涂料、再生壁纸、抗菌瓷砖、灭菌天花板等绿色材料,从不同程度上实现了上述目标。

装修材料首先要考虑无毒气散发、无刺激性、无放射性、低二氧化碳排放的材料。例如,装修中用量最大的当属各种木质装饰材料,而在传统装修中使用的大芯板、刨花板、胶合板等材料,以及某些胶黏剂中常会含有甲醛和其他挥发性有机物。现代家装已经开始选择高档环保家具板材作为主要材料,从选料到生产都有严格的质量标准。同时,在绿色环保家装中对木质装饰材料要安排好用量,尽可能地少用。例如,为减少甚至避免一些油漆、涂料中含有的苯、酚、醛及其衍生物等有毒物质的危害,宜选用水性的涂料、油漆来取代油性的产品;选用有机的棉布和亚麻布,舍弃人造的纺织品;选用放射性合格的石材与陶瓷,要掌握石材选择的方法和标准。在正常情况下,石材的放射性可从其颜色来判断,其放射性从高到低依次为红色、绿色、肉红色、灰白色、白色和黑色。在大理石和花岗岩的选择上,应考虑放射性相对低的大理石。家居设计中要慎重选用石材,最好不要在卧室和老人、病人、儿童的起居室内大面积使用石材。

参考文献

[1] 鲍亚飞，熊杰，赵学凯，等.室内照明设计[M].镇江：江苏大学出版社，2018.

[2] 陈敏.探讨室内陈设设计的作用及运用[J].现代装饰（理论），2015（03）：37.

[3] 党睿，刘刚.公共建筑室内照明设计方法与关键技术[M].天津：天津大学出版社，2020.

[4] 丁春娟.室内色彩设计与设计品位分析[J].中国建材科技，2016，25（04）：147–148.

[5] 方卉.基于生态美学下室内设计中软装饰材料的应用研究[D].长沙：湖南师范大学,2018.

[6] 高巍.居住空间室内设计法则[M].沈阳：辽宁科学技术出版社，2017.

[7] 郭东兴.室内设计与建筑装饰丛书 装饰材料与施工工艺[M].广州：华南理工大学出版社，
    2018.

[8] 郭立群.室内空间设计语言[M].武汉：华中科技大学出版社，2016.

[9] 黄成，陈娟，阎轶娟.室内设计[M].南京：江苏凤凰美术出版社，2018.

[10] 李季.室内空间家具与陈设设计研究[M].南京江苏凤凰美术出版社，2020.

[11] 李琳.色彩在室内设计中的应用研究[D].北京：中央美术学院，2016.

[12] 刘飞，袁玉华.室内陈设设计[M].武汉：华中科技大学出版社，2017.

[13] 刘珍.基于生态理论下的室内设计研究[D].合肥：安徽建筑大学，2015.

[14] 任小刚.室内设计绿化装饰风格的研究[D].晋中：山西农业大学，2016.

[15] 沈佳立.室内设计中的绿化设计探析[J].四川建材，2021，47（03）：47+60.

[16] 孙晓红.室内设计与装饰材料应用[M].北京：机械工业出版社，2016.

[17] 王丹.居住环境中的色彩心理效应研究[D].石家庄：河北师范大学，2013.

[18] 王峰.室内空间绿化设计研究[D].石家庄：河北师范大学，2015.

[19] 王静.室内照明设计流程及利用系数法计算照度[J].中国城市经济，2011（08）：117–
    118.

[20] 王莉.室内设计与审美文化研究[M].长春：吉林大学出版社，2016.

[21] 文健，毕秀梅，张增宝，等.建筑与室内设计的风格与流派 第2版[M].北京：北京交
    通大学出版社，2018.

[22] 吴卫光 . 室内设计简史 [M]. 上海：上海人民美术出版社，2018.

[23] 阎明 . 视觉空间艺术语言视觉下的室内空间设计 [J]. 建筑结构，2021，51（16）：159.

[24] 杨霞 . 基于情感需求的室内环境设计 [M]. 南京：江苏凤凰美术出版社，2018.

[25] 俞兆江 . 空间与环境室内设计的方法与实施 [M]. 成都：电子科技大学出版社，2018.

[26] 张浩彦 . 室内陈设空间载体与设计方法研究 [M]. 北京：北京工业大学出版社，2018.

[27] 赵肖，杨金花，宋雯副，等 . 居住空间室内设计 [M]. 北京：北京理工大学出版社，2019.

[28] 周健，马松影，卓娜，等 . 室内设计初步 [M]. 北京：机械工业出版社，2018.